드론경비론

구동욱·권준범 공편

도서출판 진영사

드론경비론

구동욱 · 권준범 공편

2019년 04월 15일 초판 인쇄
2019년 04월 19일 초판 발행
발행인 박 진 영
발행처 도서출판 진영사
인천광역시 부평구 갈산동 185번지 풍진빌딩 303호
전화 : 032)505-4207
팩스 : 032)505-4206
E-mail : 0183734207@hanmail.net
등록 : 122-91-77317

ISBN 978-89-6541-435-3 93390
값 18,000원

머리말

4차 산업혁명의 한분야로 세계 여러 나라에서 드론산업을 육성하고, 또한 여러 산업과 융합되고 있다. 이에 드론을 배울려고 하는 모든 사람들에게 드론산업을 이해하고, 드론과 경비분야를 융합하여 새로운 학문으로 우리나라의 수준을 글로벌 수준으로 인재를 육성할 필요가 있다.

드론경비연구결과 경호·경비분야에 새로운 산업 전문가로 활용 할 수 있다. 경호·경비의 산업의 혁신화와 인공지능화 되고 있는 현재에서 글로벌 인재가 절실히 필요한 상태이다. 경비업체, 관공서, 경비원, 경찰, 택배 등 모든 시설과 단체에서 경비원의 시스템을 스마트화 시키는 개기가 될 것이며 일부는 그렇게 진행되고 있는 현실에 있다.

드론산업이 발전함과 동시에 드론 각 분야의 교재가 점차 출시되고 있는 상황이다. 경비분야는 이미 안정권에서 민간경비와 기계경비분야의 교재가 있다. 이를 융합한 학문의 교재는 없을 것이다. 그래서 지금 산업이 시작되는 시점에서 교재는 경비분야를 한 차원 격상시키는 시발점이 될 것으로 본다. 이렇듯 교재를 통해 분석하고, 연구하여 보다 더 큰 시장에서의 성장을 기대할 필요가 있을 것이다.

4차 산업혁명의 드론산업이 급성장하고 있다. 기계경비는 이미 사회에 정착되어 안정화 되었지만 산업이 발달하면서 다양한 범죄와 안전을 위협하는 요소들이 늘어나고 있다. 그래서 빠르게 산업이 발전하면서 발생 할 수 있는 문제점에 대한 대책으로 드론경비로 해석하고자 한다.

이 교재에서는 범위는 드론과 경비분야로 경비분야의 기계경비와 민간경비의 한계에 대해 드론을 활용하여 예방과 해결 방안을 제안한다.

이 책은 현재 동서울대학교에서 4차 산업분야 중 특성화 교육으로 드론경비론을 교육하는 현직 교수와 군 장교 출신의 드론분야의 경기드론항공 교육원 권준범원장님과 뜻을 모았고, 앞으로 드론경비분야 학과의 학생들과 초경량비행장치 조종자 과정 학과시험을 준비하는 수험생들에게 시간을 절약하고, 기출문제와 예상문제를 통해 문제 해결함으로서 합격과 취업에 도움이 되기 위해 여러 정보들을 종합하여 집필하게 되었다.

목 차

제1장 드론경비의 개요 ······ 11

1. 기계경비 개념 ······ 11

1) 의의 ······ 11
2) 분류 ······ 12
3) 특징 ······ 15
4) 제공업무 ······ 16

2. 드론경비 개념 ······ 17

1) 의의 ······ 17
2) 분류 ······ 18
3) 특징 ······ 18

3. 드론경비 필요성 ······ 20

1) 드론방범시스템 ······ 20
2) 드론정찰시스템 ······ 23
3) 드론출입확인시스템 ······ 25
4) 드론외곽침입방지시스템 ······ 27
5) 드론 홈시큐리티시스템 ······ 28

4. 공세적 드론운용 ······ 29

1) 추격 ······ 29
2) 공격 ······ 30
3) 폭파드론 ······ 31
4) 포획 ······ 32

제2장 드론경비의 기초이론 ······ 39

제1절 드론분야 ······ 39

1. 항공관련 법규 일반 ······ 39
1) 항공법 개념 및 분류 ······ 39
2) 국제 항공법과 국내 항공법 ······ 40

2. 항공법 발달 ······ 44
1) 국제 항공법 발달 ······ 44
2) 국내 항공법 발달 ······ 55

3. 시카고협약과 국제민간항공기구 ······ 59
1) 시카고협약 및 부속서 ······ 59
2) 국제민간항공기구 ······ 69

4. 항공 부문 국제조약과 국내 항공법과의 관계 ······ 73
1) 시카고협약과 국내 항공법과의 관계 ······ 73
2) 항공안전법 ······ 77
3) 항공사업법 ······ 84
4) 공항시설법 ······ 84
5) 항공보안법 ······ 84
6) 사고 조사 ······ 89
7) 항공운송사업 등 ······ 93
8) 사업별 면허, 등록, 신고 요건 ······ 95

5. 항공 정비사 자격 증명 ······ 95

6. 무인항공기 ······ 99
1) 개요 ······ 99
2) 역사 ······ 102
3) 분류 ······ 103
4) 용도 ······ 106
5) 각국의 무인기 동향 ······ 107

7. 무인멀티콥터 ······114
1) 시스템 ······114
2) 구조 및 구성 ······115
3) 비행원리 ······122
4) 장비관리 및 운용 ······126
5) 조종자 ······131
6) GPS(위성항법시스템) ······133
7) 영상전파체계 ······134

8. 항공역학 ······135
1) 기체에 작용하는 4가지 힘 ······135
2) 운동법칙 ······136

9. 항공기상 ······140
1) 기온과 기압 ······140
2) 대기의 구조 ······141
3) 열과 온도 ······142
4) 연직운동과 구름형성 ······143
5) 바람 ······145
6) 착빙 ······147

제2절 경비 ······149

1. 기계경비의 개념 및 구성요소 ······149
1) 기계경비의 개념 ······149
2) 기계경비의 운영 ······150
3) 기계경비시스템의 구성요소 ······151
4) 기계경비시스템의 기능 ······153
5) 로컬 기계경비시스템 ······154
6) 무인기계경비시스템 ······155

2. CCTV 시스템 ······155
1) CCTV시스템의 개요 ······155

2) 촬상부 ····· 156
3) 전송부 ····· 157
4) 수상부 ····· 157
5) 제어부 ····· 157

3. 출입통제 시스템 ····· 158
1) 출입통제시스템의 개요 ····· 158
2) 출입통제 구성요소 ····· 158
3) 출입통제 운영기능 ····· 159
4) 출입통제 경보기능 ····· 161
5) 출입통제시스템의 보안기능 ····· 161
6) 출입통제 장비 ····· 163

4. 외곽침입감지시스템 ····· 166
1) 외곽침입감지시스템 개요 ····· 166
2) 외곽침임감지장치 ····· 167

5. 홈시큐리티 시스템 ····· 171
1) 홈시큐리티 개념 ····· 171
2) 홈시큐리티 구성장치 ····· 171

6. 기계경비시스템 오경보 ····· 172

제3장 드론경비시스템 ····· 175

1. 드론방범시스템 ····· 175

2. 드론정찰시스템 ····· 176

3. 드론출입확인시스템 ····· 179

4. 드론외곽침입시스템 ····· 180

5. 드론 홈시큐리티시스템 ····· 183

6. 공세적 드론운용 ······ 184
1) 추격 / 공격 ······ 184
2) 자폭 / 포획 ······ 185

제4장 경비용 드론의 종류 ······ 189

1. 열화상 드론 ······ 189
1) 개요 ······ 189
2) 특징 ······ 190
3) 성능 및 제원 ······ 190
4) 열화상 카메라 사양 ······ 191
5) 열화상 적용 ······ 193

2. 줌 기능 드론 ······ 194
1) 특징 ······ 195
2) 성능 및 제원표 ······ 195

3. 군집드론 ······ 195

4. 말하는 드론 ······ 197

제5장 경비분야 드론활용 사례 ······ 201

1. 민간보안업체 ······ 201

2. 군부대 ······ 203

3. 경찰 ······ 204

4. 교도소 ······ 208

5. 공항 ······ 209

6. 해양구조 ······ 210

1) 민간해양분야 ······210
2) 해양공경비 ······211
7. 5G 드론 ······216
8. 드론경비원 ······217
9. 보험회사 ······219
10. 드론경호 ······220

제6장 초경량비행장치 무인멀티콥터 학과시험자료 ······225

제 1 장 드론경비의 개요

1. 기계경비 개념
2. 드론경비 개념
3. 드론경비 필요성

제1장 드론경비의 개요

1. 기계경비 개념

1) 의의

기계경비는 경찰학사전에 의거 민간경비의 주체에 따른 분류 가운데 하나로 인력경비에 대비되는 개념으로 범죄행위와 각종 재난 등으로부터 인적, 물적인 가치를 기계경비시스템을 통하여 보호하는 경비형태를 말한다.

장점으로는 장기적으로는 경비가 절감되며, 감시지역의 광범위성과 정확성, 24시간 지속적으로 감시가 가능하다.

반면 단점으로는 초기 설치비용의 과다, 범죄자에 역이용 가능성, 오경보의 가능성 등이 있다. 기계경비 분야는 방범경비 시스템, CCTV 시스템, 출입통제 시스템, 외곽침입감지 시스템, 홈시큐리티 시스템으로 세분화된다.

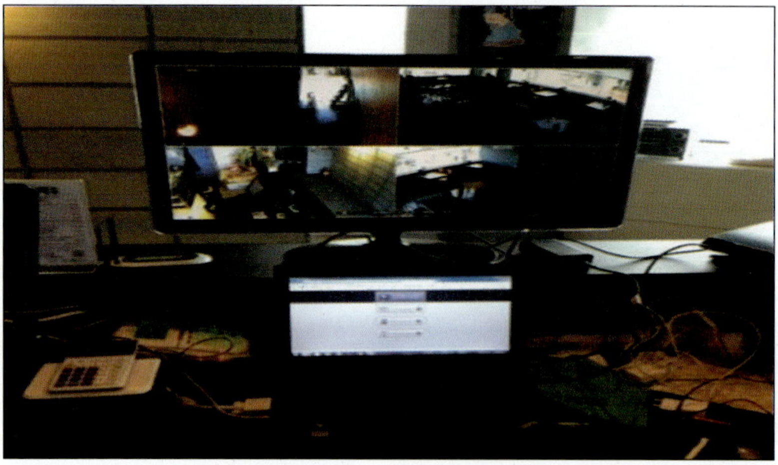

〈다중CCTV 감시모니터〉

2) 분류

기계경비 중 방범경비 시스템은 사람의 생명과 재산을 보호하기 위하여 기계들을 통합하여 상황실을 통해 확인하고, 통제하기 위한 무인 기계경비시스템이다.

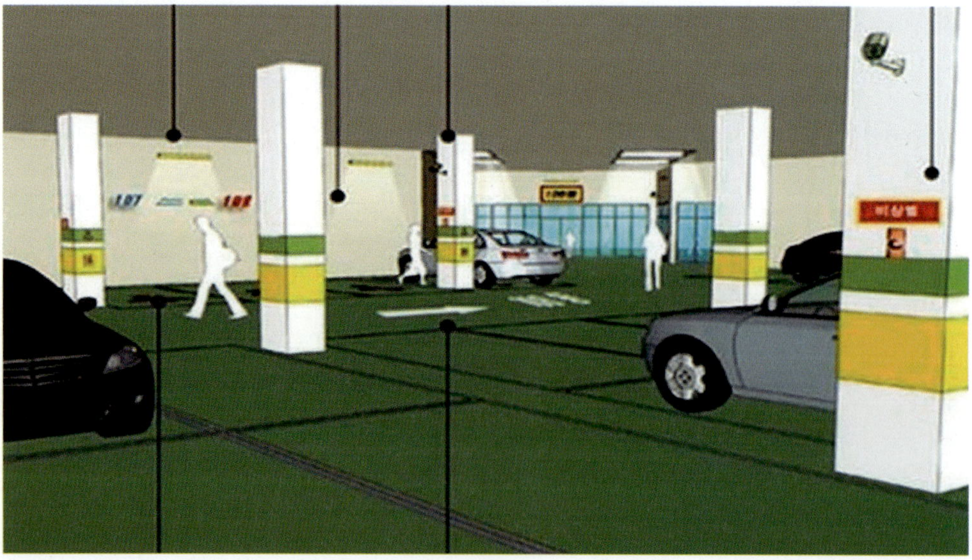

〈CPTED〉

CCTV 시스템은 CPTED(Crime Prevention Through Environmental Design, 셉티드)를 적용한 범죄사각지역을 최소화하여 범죄를 예방하는 주체의 일환으로 카메라가 장착된 주야간 감시가 가능하며, 기계기술에 따라 물체의 움직임을 감지하여 경보하고, 사람의 움직임에 따라 범죄여부를 판단 할 수 있는 인공지능도 개발되고 있다. 그러나 전기장치로 연결되어 정전이나 오작동에 의해 화면이 정지되거나 전원이 꺼지는 현상도 나타날 수 있는 약점이 있다.

〈주차장 출입통제 시스템〉

출입통제 시스템은 주차장, 사무실, 가정집에서 운영되며, 주차장에서는 차량통제를 건물내부에서는 인원의 휴대물건까지 확인하는 등 보호대상 및 건물로 유입되는 모든 출입대상에 대해 범죄를 예방하는 시스템을 말한다. 이때 공항 같은 곳에서 범죄를 목적으로 폭발물을 휴대하는 상황이 있을 때에 대비하여 적외선 카메라와 열화상카메라 등 특이사항을 확인할수 있는 기계적 장치가 필요하며, 폭탄대비 폭발물 처리반을 대비편성도 해야 한다. 범죄뿐만 아니라 주차하는 곳을 녹색으로 주차된 곳을 적색으로 표기하여 먼곳에서도 빈자리를 찾을 수 있는 효율성도 출입통제시스템에 포함되어 있다.

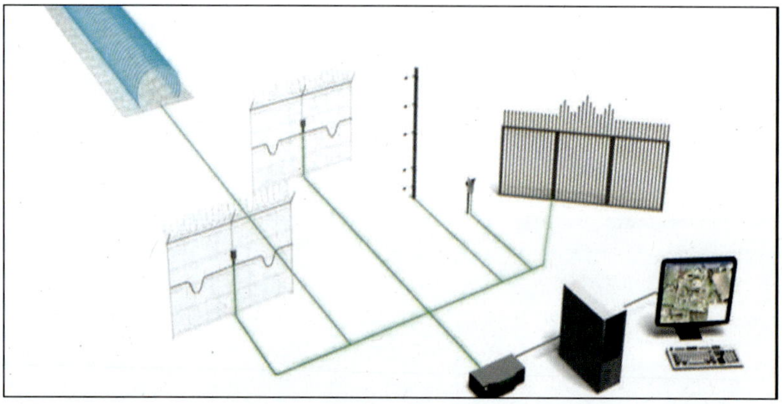

〈외곽침입감지시스템〉

외곽침입감지 시스템은 특정시설을 보호하기 위하여 설치하는 울타리개념으로 중요도에 따라 1선, 2선, 3선으로 설치 할 수 있고, 인력경비와 연계하여 초소를 설치하고, CCTV를 설치하여 사각지역을 보완 할 수 있다. 울타리는 콘크리트로 할 경우 외곽의 상황을 볼 수 없는 약점을 CCTV가 보완 할 수 있으며, 철조망으로 설치시에는 고리형과 판망으로 분류되며 각각 장단점이 있다. 군부대에서는 GOP철책의 경우 고리형으로 설치하여 북한군이 철조망을 자르고 침투한 사례가 있어 3선은 모두 판망으로 교체한 사례가 있다.

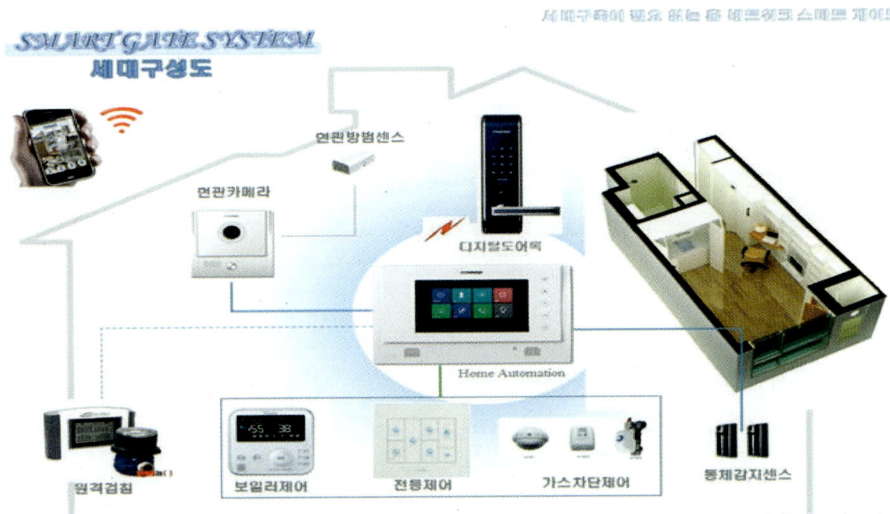

홈시큐리티 시스템은 외부에서 집안의 상황을 카메라를 통해 확인 할 수 있는 시스템으로 집안의 인터넷 기반으로 카메라로 연결되어 실시간으로 고객의 휴대폰으로 볼 수 있는 시스템이다. 스마트폰으로 전송된 자료는 경찰, 소방서 등 관공서에 함께 정보를 공유할 수 있으며, 상황에 따라 즉각적인 조치를 취할수 있다.

3) 특징

기계경비의 장단점에 대해 알아보면, 기계가 하는 경비로 사람이 하지 못하는 반복행동에 대해 사람을 대체가 가능한 부분과 사람의 한계 중 생리적 욕구인 수면과 피로를 대신해서 임무수행이 가능한 장점을 가지고 있다. 또 산업이 발달하면서 경비원의 인건비가 올라가서 고용주의 경영의 어려움이 많은 부분을 일부 해소 할 수 있고, 사건 발생이후 범행동기와 증거자료를 획득하는데 큰 역할을 하고 있다. 이에 반해 초기자본이 많이 들어가고, 정기적으로 점검이 필요하고, 오작동 발생시 즉각적인 대응이 제한될 경우 경비의 헛점이 될 수 있으며, 시스템을 잘 아는 인원에 의해 역으로 범행을 일으키는 범죄가 일어난 만큼 약점으로 볼 수 있다.

Home > 경제/사회

보안업체 직원 잇따른 절도 어찌하나

입력 : 2007-11-01 07:25

전 현금수송업체 직원 절도행각 '덜미'

무인경비업체 직원이 자신의 고객집에 침입해 절도행각을 벌이다 붙잡힌 지 40여 일만에 또 다시 보안업체에 근무했던 직원이 범죄를 저질러 물의를 일으키고 있다.

두 사건모두 보안에 대한 전문지식을 잘 안다는 점과 취약점을 파고들어 범죄를 저지른 점을 볼 때 보안업체의 인력선별과 교육체계가 시급히 정립돼야 한다는 지적이다.

서울 마포경찰서는 지난 28일 현금수송 보안업체 전 직원인 신모(31)씨 등 4명을 구속하고 이들이 훔친 물건을 산 장물업자 김모(41)씨를 불구속 입건했다.

4) 제공업무

기계경비시스템은 건물이나 시설부분에서 전체 면적이 다 들어간다고 볼 수 있다. 자동차에 블랙박스도 기계경비의 일종으로 주야간 사람이 없을 때에도 녹화하며 실시간 스마트폰으로 볼 수 있고, 차량에 문제 발생시 내부 블랙박스 메모리를 통해 확인하여 문제를 해결할 수 있다.

〈정맥인식 보안장비〉

가정집의 경우 먼저 출입문을 들어갈 때 도어락에서 지문인식, 홍채, 정맥, 번호 등 여러 보안장치들이 있으며 출입후 내부에 움직임을 감지하는 감지기가 있고, 화재발생시 경보하는 경보기, 가스차단기 및 가스누출기, 창문입구에 설치되어 있는 감지기 등이 설치되어 홈시큐리티를 제공한다.

〈지문인식 도어락〉 〈홍채인식〉

인력경비보다 기계경기가 많은 부분을 대체하고 있고, 범죄율도 2010년 대비 2015년에는 6%가 줄었고, 절도도 60여건이 줄었다.

요즘 스마트폰에는 긴급전화가 있어서 개인이 몸이 아프거나 부상을 당했을 때 119로 도움을 요청 할 수도 있다.

	2007	2008	2009	2010	2011	2012	2013	2014	2015
살인	2.3	2.3	2.8	2.5	2.4	2	1.9	1.8	1.9
강도	9.2	9.8	12.9	8.9	8.1	5.3	4	3.2	2.9
성폭력	28	30.8	32.8	40.2	44.1	42.5	53.4	58.8	60.9
폭행	200.5	220.1	234.3	221.1	246.9	255.2	250.9	288.9	316.8
절도	436.6	455.1	520.6	540.8	563.8	583.8	576.7	525.7	483
전체	1,736	1,830	2,014	1,895	1,997	2,069	2,098	2,003	2,054

주요형법범죄율(단위 : 건수/인구 10만명 당)

연도별 인구10만명당 형법범죄율 추이〈검찰청 범죄분석 통계〉

2. 드론경비 개념

1) 의의

경비에는 인력경비와 기계경비로 구분하고, 인력경비는 사람에 의한 경비를 말하는 것이고, 기계경기는 전기, 전자, 기계, 통신 분야의 집약체를 이용한 감시체계를 말한다. 이에 드론은 민간경비에서 기계를 보조하는 개체로 기계경비로 포함되고, 기계경비의 방범, 외곽감시, 출입확인, CCTV, 홈시큐리티와 융합 또는 단독으로 운용할 수 있는 분야로 볼 때 기계경비의 일부분으로 정의 할 수 있겠다.

인력경비의 순찰을 대처할 수 있는 부분은 꼭 기계경비만으로는 국한하기에는 다소 광의의 개념으로 접근 할 수도 있다. 기계경비는 방어적 성격이지만 인력경비는 사람이 직접 현장에서 확인하고 상황을 조치하는 점은 공격적 측면으로 보면, 드론경비도 현장확인, 추격, 자폭, 포획 등을 하는 점은 인력경비의 대체 부분으로 분류 할 수 있다.

2) 분류

드론경비는 인력경비와 기계경비의 융합체로 활용 될 수 있고, 또는 단독으로도 활용가능하여 여러 가지로 분류 할 수 있다. 융합적인 부분 드론방범시스템, 드론출입확인시스템, 드론외곽침입시스템으로 3가지고, 단독으로 운용 시 드론정찰시스템, 드론 홈시큐리티시스템, 드론으로 공격이나 추격, 폭발등 공세적 드론운용이 가능하겠다.

드론경비를 분류하자면 임무에 따라 분류가 가능하다. 드론은 통상적으로 임무에 따라 줌기능, 열화상, 수중 등 임무별 종류와 크기, 무게, 모양등 다양한 종류의 카메라가 부착되고, 송수신장치, 조명 등을 부착하여 임무수행 할 수 있는 수색정찰, 경비와 방범, 홈시큐리티 등으로 분류영역으로 판단 할 수 있다.

3) 특징

드론경비의 특징은 정지비행하면서 임무수행이 가능하다. 특히 촬영분야에서는 사람이 갈 수 없는 공간적인 영역에서 임무수행이 가능하고 인력경비와 기계경비의 대체제와 보완제로서의 역할을 수행할 수 있다. 인력경비의 취약점은 외국 교도소의 경우 하늘에서 담배나 마약 등 물품을 교도소 상공에서 떨어뜨리거나, 공항으로 공격하는 비행체에 대한 방어와 절벽 등 사람이 도보로 접근하기 좋지 않은 이동로, 기상악화시 사람의 눈으로 식별이 어려운 상황에서 드론이 사람을 대체 할 수 있는 기능을 가지고, 임무수행 할 수 있는 특징이 있고, 기계경비는 고정형태로 많은 곳을 설치하고, 감시구역이 많을수록 모니터링 하는 상황실 인원은 그만큼 많아져야 한다. 그에 반해 드론은 정기코스로 비행하고 빠르게 또는 느리게 속도조절이 가능하며, 카메라 기능에 따라 주·야간 감시, 열상카메라로 실종자 수색, 도주하는 침입자 경고, 방송, 추격, 자폭, 격추가 가능하고, 공격하는 항공기 및 드론에 대해 포획 할 수 있는 기능을 가지고 있다.

〈인공지능 드론〉

〈커피배달 드론 특허〉

4차산업혁명시대 인공지능연구가 한참이다. 드론도 이런 인공지능 기반으로 다양한 기능을 적용할 수 있다. 드론에 인공지능이 탑재되면 순찰 비행 중 센서에 의해 장애물이 식별되면 인식하여 우측으로 이동하고, 이동 중 장애물이 사라지면 직진비행하고, 좌측센서에 장애물이 감지되면 측면으로 이동하여 정상비행항로로 복귀하여 지속임무수행하는 기술이 취미분야의 드론에 적용되어 시판되고 있다. 또, 드론소프트웨어 중 미국 MIT대학에서 블록으로 소프트웨어를 이해하기 쉽게 만든 스크레치 2.0 프로그램 코딩으로 카메라와 연동하여 화면상에 물체의 움직임에 따라 촬영하기, 선회비행 등 소프트웨어 기반으로 자율비행도 가능한 특징이 있다.

외국의 사례로 센서와 인공지능을 이용해 혈압이나 동공 확장, 표정과 같은 것을 추적해 직원이 피곤한 상태인지 판단하고, 뜨거운 커피를 끈에 매달아 붕 날아가 전달해 준다

또한 움직임 센서가 있어 목마른 직원이 손짓을 사용해 드론을 부를 수도 있다. 여기에 더해 커피는 컵에 담겨 오지 않을 수도 있다. 특허에 따르면, 드론은 직원의 책상에 있는 컵에 커피를 바로 따르거나 뜨거운 음료가 담긴 밀봉백을 떨어뜨릴 수도 있다.

〈드론코딩을 위한 스크레치 2.0〉

〈텔로를 활용한 드론코딩방법〉

3. 드론경비 필요성

1) 드론방범시스템

기계경비의 방범은 여러 가지 센서에 의해 기본적으로 시각, 후각, 청각, 미각, 촉각 등 인간의 오감에 해당하는 기능을 선택적 또는 복합적으로 수행하고 이를 중앙통제시스템으로 전달하여 경고하고, 사람이 현장에 출동하여 조치하는 시스템으로 수행한다. 반면 드론은 공간적 측면에서 이동형 방범서비스를 제공한다. 경비원의 제한된 영역에 대한 보완의 개념으로 접근 할 수 있다. 경비원은 인간의 요구인 식사시간, 졸음, 피로, 핸드폰사용 등에 따른 취약부분이 있다. 기계경비에 의존하여 CCTV, 감지기 등 기계경비와 융합되는 보안서비스를 제공하지만 이를 확인하고 조치해야 하는데 문제가 전력사용상 정전으로 기계가 작동중지 되거나,

경비원의 일시적인 자리 비움, CCTV 화면 모니터링으로 피로도 등 각종 어려움점이 발생한다.

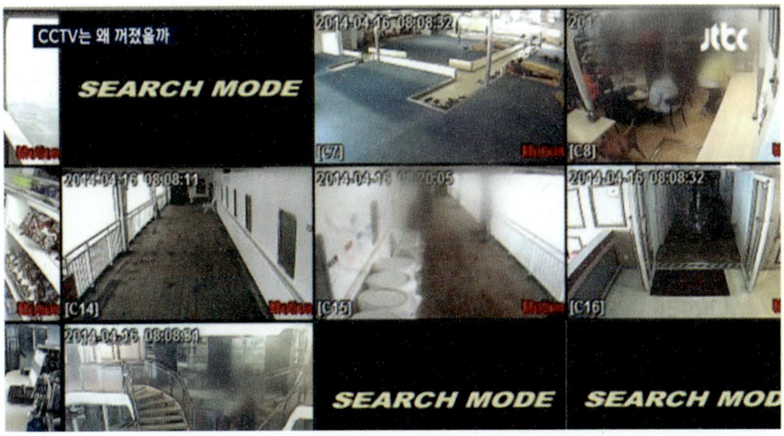

〈CCTV 정전 : JTBC youtube〉

〈모니터당 16개 분할 CCTV〉

범죄는 고정된 경비시스템을 어떻게 극복하는지에 대한 계획범죄가 대부분이다. 이를 뒷받침하는 점은 전직 보안회사 직원이 보안장비의 사용을 불능하게 만들고 범죄를 일으키는 모습에서 고정된 보안장비에 대한 한계가 아닌가 생각해 볼 수 있다.

기계보안장비 설치기준 중에서 외부 침입자가 쉽게 접근 할 수 없는 곳에 설치하라는 내용이 있다. 인간은 문제에 대해 어떻게 극복 할 것인가를 끊임없이 연구하고 갈망하며 이를 극복하는 측면에서 범죄자가 기계장비를 극복하는 방법이 없다면 범죄를 시도하지도 않을 것이다. 인테리어, 공사의 편리성 주장치 성능을 고려해서 장비를 설치해야 하는데 대부분이 벽면에 설치 될 것이다. 이는 전기공급과의 연결성, 사각지역에 대한 부담감이 작용할 수 밖에 없다.

드론은 시설, 환경에 제한없이 운용이 가능하다는 장점이 있다. 같은 건물이나 시설에서도 각각 다른 형태의 드론순찰을 할 수 있으며, 조명을 달아서 조명사각지역 또는 외부에서 건물내부로 조명을 비추는 등 야간 범죄를 억제하는 심리적 순찰도 가능하다. 인테리어, 공사의 편의성, 기계의 성능 등을 고려하지 않고, 전기시설 등에 관계없이 운용이 가능하다.

〈국립공원 방범순찰〉

환경부 산하 국립공원관리공단에서 접근이 어려운 산악 고지대나 해양 도서지역 등 국립공원 현장을 효과적이고, 과학적으로 관리하기 위해 드론을 운용한다.

2) 드론정찰시스템

〈군부대 수색정찰〉

수색과 정찰이라는 단어는 민간적인 측면보다는 공경비분야에서 많이 사용하는 부분이 크다. 특히 군대나 경찰에서 적을 찾기 위한 노력 또는 실종자를 찾기 위한 행동 등이 정찰이라고 한다. 그럼 군과 경찰에서 임무수행 부분과 범죄발생시 대처방법에 대해 알아보자.

〈블랙호넷 PD-100〉

프록시 다이내믹스의 아르네 샤르페 미국지사장은 "이 드론은 군인들이 적의 주둔지를 확인할 때 사용되는 것"이라면서 이 드론은 미 특수부대도 수 대 보유하고 있다.

군대는 진지선정에 있어서 방어지역을 선정시 진전정찰과 진내정찰을 실시하고, 각종 산악지역이나 건물 등 위험요소가 있는지 차후 작전에 미칠수 있는 요소들이 내재되어 있는지 직접 현장에 가서 눈으로 보고 확인하고 있다. 물론 직접 현장에서 눈으로 직접보고 판단하면 가장 좋을 것이다. 이런 부분은 육군에서의 모습이다. 그런데 공격이 지상에서만 오는 것은 아니다. 공군도 있고, 각종 무인기에 대한 공격도 있으며, 매복상황에서의 공격도 있을 것이다. 이에 대한 방어요소와 방어준비측면에서의 시간을 절감하는 데는 직접 작전지역을 정찰한다는 것은 시간적 부담과 사람이 눈으로 보는 사각지역에 대해서는 여전히 어렵다. 또 적을 찾기 위해 매복을 나가서 응거하고, 직접 정찰하면서 찾는 노력은 적과 조우시 사상자를 낼 수 있는 부담이 클 것이다. 이에 대한 대책으로 드론을 활용한다면 시간적, 피해적으로 효과를 낼 수 있을 것이다.

경찰영역에서의 정찰은 실종자 수색부분이다. 실종자 제보가 들어왔을 때 현재는 최대한 인력을 동원하여 지역별 기동대들이 버스를 타고 한 지역에 집결하여 수색구역을 할당하고, 각종 찾기 위한 도구들을 가지고 다닌다. 실종자의 모습이 어떻게 될지는 아무도 모른다. 그러나 쉽게 찾을수 있는 부분도 있고, 골드타임이 있다면 실종자는 생존하고 있을 것이다. 경찰이 도보로 찾아 나선다는 것은 출동지시를 내리고, 집결하고, 준비하고, 지원소요를 준비하고, 작전구역을 배정하고, 협조회의 하는 등 여러 가지 할 일이 많다. 이를 해결하기 위한 대책으로 드론에 열화상카메라를 부착해서 광범위한 구역을 스캔하듯이 비행한다면 골드타임에서의 정찰은 효과를 발휘하는데 충분할 것이라 판단되고, 산에서 낙상으로 인해 사람이 수색하기 어려운 곳에 대한 부분도 드론의 역할이 크게 작용할 것이다.

〈경찰의 실종자 수색〉

범죄발생시 보통 CCTV영상을 통해 식별된 범죄자의 도주로를 따라 또 CCTV판독하면서 연결성 있는 영역에서의 후발 수사를 진행하고 있다. 그러나 이는 '소 잃고 외양간 고치는 격'로 범죄가 발생시 즉각적이고 시간이 단축된다면 범죄자는 더욱 심리적으로 위축되어 범죄발생율이 줄어들것이다.

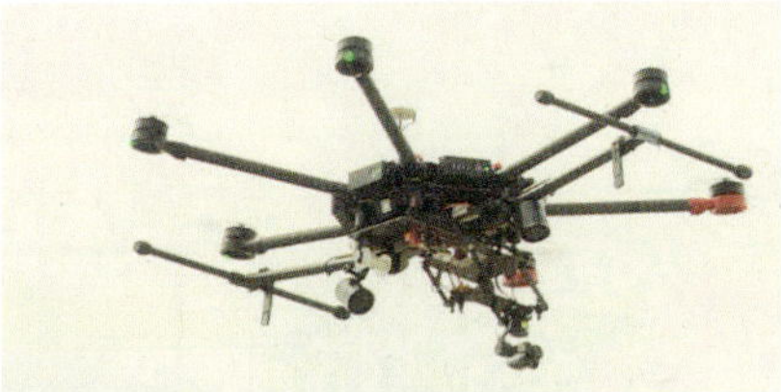

〈실종자 수색용 드론 : 인스파이어 2, 800급기체〉

3) 드론출입확인시스템

우리는 집에 들어갈 때 비밀번호를 누르거나 지문인식으로 경비를 해제하고 도어락이 열리면 집으로 들어간다. 범죄를 일으키는 사람은 비밀번호를 풀고 들어갈 수 있고, 경비시스템을 불능으로 만들고 들어갈수 있다. 그리고 기존에 설치되어 있는 CCTV에 노출이 되지 않게 하기 위해 모자를 눌러쓰고, 선글라스를 착용하여 신분노출이 되지 않게 노력을 한다. 이렇게 범죄자가 대응하는 것은 고정된 기계장비에 대한 대응이다.

〈출입통제 시스템〉

드론은 범죄자가 계획하지 못한 영역에 대한 불규칙적인 실내공간 비행으로 출입확인시스템에서 벗어난 침입자라 하더라도 공간적인 현상에 대해서는 계획 하지는 못할 것이다. 특히 감시카메라와 LED라이트를 탑재한 드론은 차량이나 사람으로 상공에서 접근하고, 차량번호와 차종, 바디컬러, 사람의 얼굴과 옷차림 등 촬영한 후 무선으로 전송하여 의심차량을 추적한다.

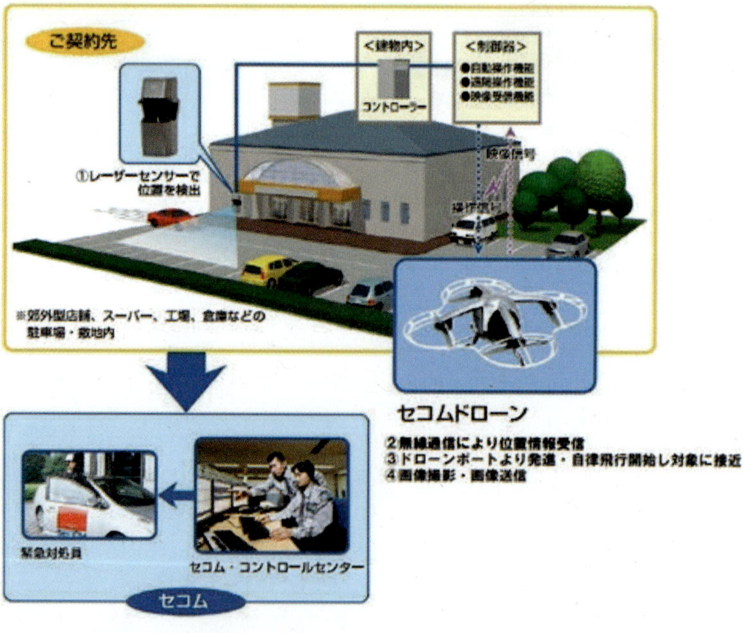

▲ 세콤 드론의 동작 예 (이미지 = 세콤)

4) 드론외곽침입방지시스템

중요시설물을 보호하기 위해 외곽에 침입방지용 울타리를 설치하고, 사각지역에 가로등과 카메라를 설치한다. 일반적으로 지상에서 침입하는 부분에 대해 감시를 하게 된다. 그리고, 사각지역을 최소화 하기 위해 많은 카메라를 중첩되게 설치하고, 전기선과 통신케이블을 설치하며, 사람의 손에 닿지 않게 설계하게 된다. 그럼 많은 비용과 설치시간이 들게 되고, 필요에 따라 카메라 위치를 변경하거나 낙뢰 등 천재지변에 의해 기기가 오작동 할 수 있는 확률이 높아진다. 이때 정비가 필요하고, 정비하는 동안 사각지역발생과 비용이 발생된다.

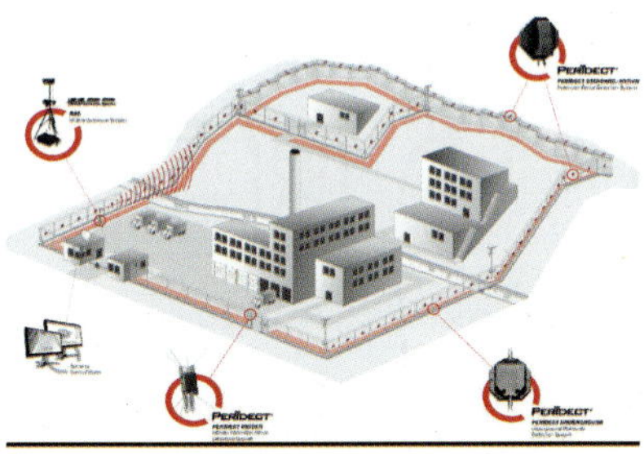

〈외곽경계시스템 : 이언시스템, 시큐렉스〉

외곽을 감시하기 위해서는 조명이 필수요소이다. 아무리 카메라가 많아도 야간에 식별이 불가능하면 무용지물이다. 그렇다고 적외선 카메라, 열화상카메라는 설치비용 또한 높아지기 마련이다. 조명 또한 고정형태로 의심사는 곳이 있어도 별도로 조절하기에는 아직 기술이 부족하다.

〈야간조명경계시스템〉

5) 드론 홈시큐리티시스템

홈시큐리티는 홈네트워크를 기반으로 연결된 사물인터넷체계라고 할 수 있다.

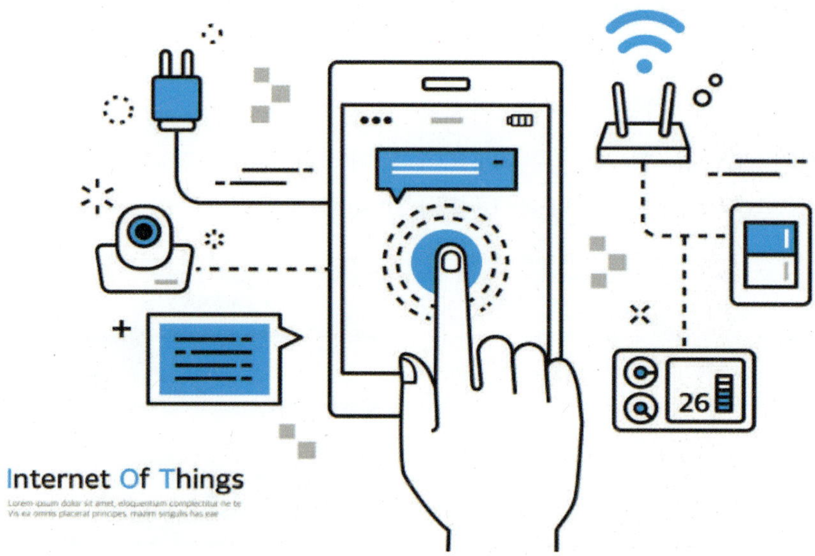

네이버 시사상식사전의 정의를 보면, 사물인터넷은 '생활 속 사물들을 유무선 네트워크로 연결해 정보를 공유하는 환경' 으로 나와있고, 다음 백과사전에는 '모든 사물이 인터넷에 연결되는 것이며, 이 기술을 이용하면 각종 기기에 통신, 센서 기능을 장착해 스스로 데이터를 주고 받고 이를 처리해 자동으로 구동하는 것이 가능해진다.' 고 설명하고 있습니다. 조금 어려운가요? 간단하게 설명하자면, 지금까지는 사람들만 인터넷을 했다면 앞으로는 똑똑해진 사물들이 인터넷을 한다는 이야기입니다. 지금까지 사람들은 인터넷으로 무엇을 했을까요? 정보를 주고 받고, 게임을 하고, 데이터를 저장하고, 새로운 지식을 만들기도 하는 등 다양한 활동을 했습니다. 이제 사물이 사람처럼 이러한 행동을 한다는 것입니다. 사물들이 인터넷을 통해 정보를 주고 받고, 게임도 하고, 데이터도 저장시키고, 심지어 새로운 지식도 만듭니다. 이러한 세상이 바로 사물인터넷 세상이죠.

사물간 연결되어 문제가 발생시 이를 사용자에게 연락되어 사용자가 대처 할 수 있도록 하는 시스템이다. 문제는 주로 출입관리와 가스누출, 화재 등의 방재 방지 등으로 구분 할 수 있고, 출입관리는 현환에서의 방문객을 확인하고, 문을 개폐할 수 있는 출입통제이고, 외출시 문을 개폐할 수있다. 입주자가 외출해 있는 동안 방문객의 영상과 시간을 자동 녹화하여 실시간으로 학인 할 수 있다. 감지기를 통해 창문으로 들어오는 침입에 대해 경고하고 전달 할 수 있다.

그러나 감지기와 경보기 등이 오작동시 확인이 불가능하고, 만약 경찰, 소방서에 신고시 잘못된 신고로 문제가 있을 수 있으며, 통합전산망이 해킹시에는 대혼란이 일어날 수 있겠다.

4. 공세적 드론운용

1) 추격

침입자가 중요시설에 침입을 시도하려는 의도가 노출되었을 때 신변을 보호하기 위하여 도주를 할 것이다. 이때 감시장비들은 침입하는 곳에 대해 카메라가 비추고 있지 도주하는 곳에 대해서는 인력경비의 영역이다.

〈도주차량 추격〉

사람의 눈의 높이는 동일하다 아무리 앞에 차량이 많고, 사고가 나더라도 앞의 상황을 알지 못한다. 그래서 교통상황도 알아야 하고, 장애물도 식별해야 하는 상황인데 확인하기 전에는 알지 못한다. 만약 독수리 같이 하늘에서 본다면 모든상황이 한눈에 들어올 것이다. 독수리가 하늘을 맴돌다가 상황을 지켜보고 목표가 포착되면 손살처럼 돌진하여 먹이를 낚아 채듯이 드론이 하늘에서 상황을 전파하고, 추격목표가 선정되면 어느방향으로 이동하는지를 파악하고, 상황실로 실시간 전달된다면 추격하는데 큰 도움이 될 것이다.

드론으로 위치를 파악하고, 주요 목지점에서 용의자 또는 용의 차량을 기다린다면 큰 피해 없이 조기에 목적을 달성 할 수 있다.

〈두바이 경찰 : 추격하는 드론〉

2) 공격

〈공격용 군집드론〉

경비, 보안 등 현재 모든 기계경비관련해서는 방어적 성격을 띠고 있다. 침입자가 누군지 모르기 때문이다. 그러하면 누군지 알아내고, 침입자가 확실하다면 추격해서 제압을 해야하는게 아닌가? 항상 방어만 하고, 뒤늦은 수사를 한다는 것은 경찰에서는 많은 인력과 시간, 자금이 들어가는 부분이다. 이런 맥락에서 현장종결형 시스템이 구축된다면 경찰에서는 보다 많은 서비스를 제공 할 수 있을 것이다.

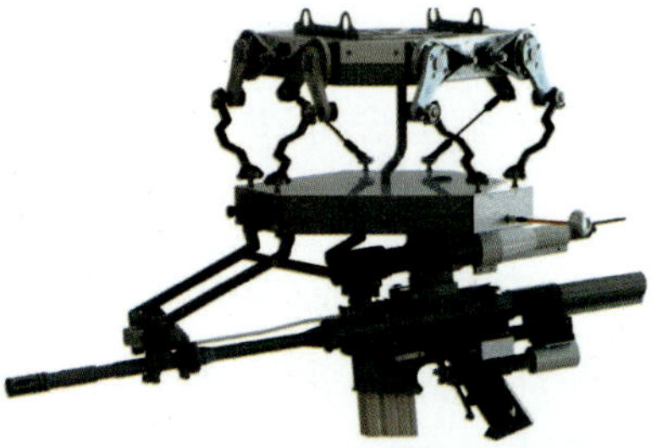

3) 폭파드론

〈2018년 8월 4일 17시경 베네수엘라에서 마두로 대통령 연설중 드론 폭발〉

2018년 8월 4일 마두로 대통령이 베네수엘라 수도 카라카스에서 열린 국가 방위군 창설 91주년 기념행사에서 연설하던 중 연단 근처 공중에서 드론 1대가 폭발했다. 또 다른 드론 1대는 인근의 빌딩에서 폭발했다. 드론은 C-4 폭탄 1kg를 싣고 있었다. 암살 테러에 사용된 드론은 중국 DJI 회사의 M600 (매트리스 600) 시리즈의 기종이었다. 니콜라스 마두로 베네수엘라 대통령은 긴급 대피했으나, 군인 7명은 부상을 입었고 이들 중 3명은 중상을 입었다. 드론은 촬영용드론으로 속도는 20m/s이다. 초당 20m 1분에 1.2km 최대 7km까지 비행이 된다. 원거리에서도 포탄을 싣고 7km반경에 정확하게 공격을 할 수 있다. 레이싱드론은 시속 140km로 비행한다. 1분에 2.3km 통상 3분정도 비행하니까 7km까지 공격할수 있다. 물론 포탄을 싣고 FPV(First Person View)를 사용가능한 드론은 카메라를 장착하기 때문에 전방 1인칭 시점에서 관찰 할 수 있다. 자신이 드론에 탑승하고 있는 듯한 상황에서의 비행이다보니 집중력이 높아져서 목표를 향해 비행하는데 큰 도움이 된다. 이런 여러 가지 드론으로 공격을 감행할 때 방어체계는 아직까지는 경비분야에 준비되거나 거론된 사항이 없다. 실재 드론레이싱은 곳곳에서 진행중인데 공중에서 외부침입감지, CCTV, 방범, 경비원 등 어떤 것들이 공격용 드론을 막을수 있을까? 군부대 박격포는 언제 사용할 수 있을까? 그리고 지뢰는 과연 누구를 위한 무기가 될까? 소총은 사람이 앞에 의탁하여 자신의 몸을 보호하고 최소한만 적에게 노출하여 사격을 한다. 그러나 적은 보이지 않고, 공격용 드론에 기관총이 탑재되어 있다면 사격은 언제할것인가? 이러한 의문점에서 상대 공격용 드론에 대한 방어는 자폭용 드론이 필요하거나 RF방식의 주파수를 방해할 수 있거나 LTE기반을 차단 할 수 있는 방어시스템이 필요하지 않을까? 이문제는 교도소에서 수감중인 죄수자들을 감시하는 교도관들이 가장먼저 문제해결을 해야 하지 않을까 생각된다. 공중에서 물품을 떨어뜨리고 지나간다면 누가 막을 수 있을까? 생각하고, 해결방안을 모색해서 추진해야 하는 문제이다.

4) 포획

드론은 여러 가지 형태로 활용되고 있다. 군사적으로는 정찰, 감시, 공격, 정보수집 등 사용되고, 민간분야는 건설, 교통, 농업, 환경, 산림 등 많은 좋은 곳에서 활용되고 있다. 그러나 악용하는 사례도 점차 늘어나고 있다. 비행금지구역은 군이 설정하고 있는 수도권 비행금지구역은 3단계, 수도권 방공망은 한국전쟁 직후 와 60년대 초에 설정된 이후 88서울올림픽을 계기로 정비되었다. 청와대를 중심으로 일정한 반경으로 그어진 '수도권 비행금지 구역(P-73A)은 남, 서쪽으로는 한강, 동쪽으로는 중랑천을 경계선으로 하고 있으며, 원칙적으로 비행이 허락되지 않는다. 강북지역은 용산구, 노원구, 중랑구, 광진구 그리고 근교의 군항공부대 있는 의정부시, 고양시 덕양구 정도를 제외하면 웬만하면 다 비행금지구역이다. 용산이 도심인데도 비행금지구역으로 지정되지 않은 것은 아마도 국방부와 주한미군의 비행작전 문제 때문인 것으로 보인다.

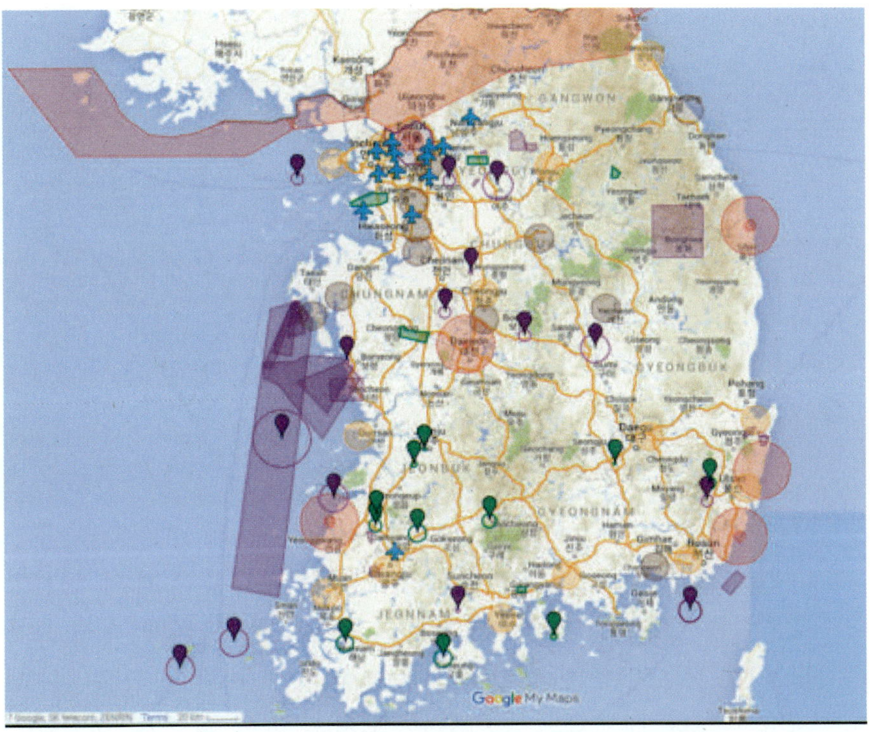

〈관제공역〉

만일 해당구역에서 드론을 날리 경우 즉시 수방사에 신고하여야 한다. 그러나 북한에서 드론을 정찰목적으로 우리나라에 침투시킨 사례가 있다. 이 경우 어떻게 할 것인가? 지금까지는 비행한 사실도 몰랐고, 감지도 못했다. 그러나 위 사례가 재발되거나 과거 성공사례가 있었다면 우리나라 정보가 고스란히 담겨 있는 기체가 북한으로 돌아갔을 것이다.

눈 뜨고 당할 수 있다는 것이다. 이에 우리는 침투한 적에 대해서는 드론을 잡는 드론으로 누구의 소행인지를 밝혀야 한다.

P-73 비행금지공역

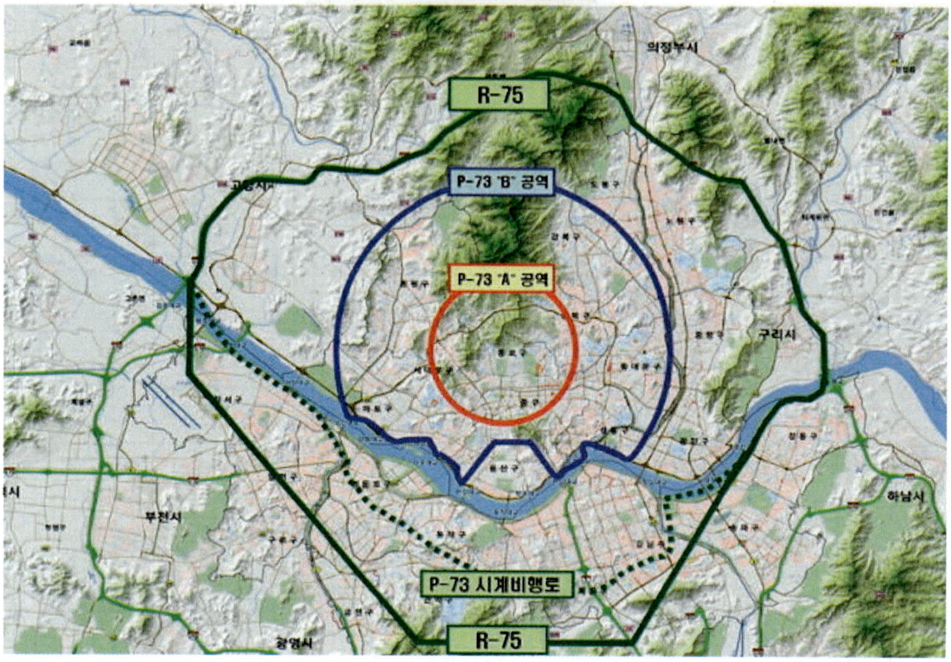

우리나라에서도 2018년 드론안전정책토론회를 통해서 드론안전에 대해 토론회를 했고, 2019년 부터는 250g 초과되는 드론에 대해 모두 기체신고를 하고 신고번호를 부착하라는 것이다. 이러한 상황을 볼 때 목적있는 적성 드론에 대해서는 포획하고, 목적을 밝힐 필요가 있을 수 있고, 중요시설에 드론이 폭격을 자행 했을때에는 그 피해를 사전에 차단하기 위해 그물을 탑재한 드론이 임무수행을 한다면 시설을 보호하는데 도움이 될 것이다.

서울 시민의 안전을 위해
에서
승인없이 를
날리고(조종) 있는 사람을
보셨을 경우 꼭 해주세요!
: 제 3697부대 (02-381-2113)
112 신고접수센터(02-112)
신고 상담은 국번없이
국군 기무부대로
승인없이
드론 비행 금지!
(NO DRONE ZONE!)
▸ 초경량 비행장치란? (항공법 제 172조)
단!
비행을 원할 경우
비행금지구역은 7일 전!
비행제한구역은 4일 전!
전화 신청바랍니다.
☎ 수도방위사령부 : 02-524-0310~3
군부대의 승인을 받지않고 개인이 임의 비행시 항공법에 따라
최대 200만원 이하의 벌금 또는 과태료가 부과됩니다.

제 2 장 드론경비의 기초이론

제1절 드론
1. 항공관련 법규 일반
2. 항공법 발달
3. 시카고협약과 국제민간항공기구
4. 항공 부문 국제조약과 국내 항공법과의 관계
5. 항공 정비사 자격 증명
6. 무인항공기
7. 무인멀티콥터
8. 항공역학
9. 항공기상
제2절 경비
1. 기계경비의 개념 및 구성요
2. CCTV 시스템
3. 출입통제 시스템
4. 외곽침입감지시스템
5. 홈시큐리티 시스템
6. 기계경비시스템 오경보

제2장 드론경비의 기초이론

제1절 드론분야

1. 항공관련 법규 일반

1) 항공법 개념 및 분류

(1) 항공법 개념

항공법이란 항공기에 의하여 발생하는 법적 관계를 규율하기 위한 법규의 총체로서, 공중의 비행 그 자체뿐 아니라 그 전제로 지상에 미치는 영향, 항공기 이용 등을 모두 포함한 개념이다. 즉 항공법은 항공 분야의 특수성을 고려하여 항공활동 또는 동 활동에서 파생되어 나오는 법적 관계와 제도를 규율하는 원칙과 규범의 총체라고 말할 수 있으며, 일반적 항공법 분류 기준인 국내 항공법, 국제 항공법, 항공공법(public air law), 항공사법(private air law)을 포함한다.

(2) 항공법 분류

항공법의 분류에 대해서는 적용지역에 따라 국제항공법과 국내 항공법으로 구분하며, 일반적인 법률의 분류 개념에 따라 항공공법과 항공사법으로 구분한다. 이와 같은 항공법의 분류는 명확한 기준이 있는 것은 아니나 항공분야에 대한 전반적인 법의 이해 및 적용과 관련하여 필요하다 하겠다.

예컨대 국제민간항공협약(convention on international civil aviation, 이하 시카고 협약)국제민간항공의 질서와 발전에 있어서 가장 기본이 되는 국제조약으로, 대표적인 국제 항공법이면서 동시에 항공 공법에 해당한다.

시카고 협약에 의거해 설립된 국제민간항공기구(international civil aciation organization, 이하 ICAO)는 항공안전기준과 관련하여 부속서를 채택하고 있으며, 부속서에서는 모든 체약국들이 준수할 필요가 있는 표준과 준수하는 것이 바람직하다고 권고하는 권고방식을 규정하고 있다. 이에 따라 각 체약국은 시카고 협약 및 동 협약 부속서에서 정한 '표준 및 권고 방식'에 따라 항공법규를 제정하여 운영하고 있다. 한국도 SARPs에 따라 국내항공 법령에 규정하여 적용하고 있다.

2) 국제 항공법과 국내 항공법

국제 항공법은 국제적으로 통용되는 항공법인데 반해 국내 항공법은 해당 국가 내에서 적용되는 항공법을 말하여, 일반적으로 국내 항공법은 국내 실정법을 의미한다.

항공의 가장 큰 특성이 국제성에 있듯이, 국제 항공법은 국제 민간항공에 적용되는 국가 항공법 사이 의 충돌과 불편을 제거하는 것을 목적으로 한다. 따라서 항공 분야에 있어서 국내법은 다양한 국제법상의 규정을 준수할 수밖에 없다. 각 국가가 국내 항공법을 규정함에 있어 국제법과 상충되게 규정한다면 항공기 운항 등과 관련하여 법 적용상의 혼선이 증대될 것은 명백하다.

이런 연유로 각 국가는 국제 항공법과 충돌하지 않도록 세부적인 기준을 국내 항공법에 반영하고 있다. 우리나라의 경우 국내 항공법에는 항공사업법, 항공안전법, 공항시설법, 항공보안법, 항공·철도 사고 조사에 관한 법률, 항공안전기술원법, 상법(항공운송편) 등이 있다.

(1) 국제 항공법 법원(source of law)

국제 항공법의 법원은 다음과 같다.

- 다자 조약
- 양자 협정
- 국제법의 일반 원칙
- 국내법
- 법원 판결
- 지역적 합의 내용(European Union, 즉 구주연합에서 적용되는 법률 등)
- 국제항공운송협회(IATA) 등 국제 민간 기구의 규정
- 항공사들 간의 계약, 항공사와 승객 간의 계약, 기타 항공운송과 항행에 관련한 관계 당사자들간의 계약 항공법을 구성하는 가장 중요한 내용은 시카고협약과 같은 다자 조약에 근거하는 바, 항공법은 태동시부터 국제성의 성격이 짙다. 가령 1919년 파리와 런던 사이에 세계 최초로 정기 항공 운항이 시작된 해에 세계 첫 항공 관련 다자 조약인 파리협약이 채택된 것을 보아도 그러하다. 또 항공의 급속한 발달에 보조를 같이해 온 항공법은 많은 경우 법원으로서 관습법을 추월하게 되었으며 그 결과 오늘날 항공법은 거의 다 성문법(written law)으로만 존재하고 있다.

(2) 국제조약 일반

국제법상 '조약'이란 "단일의 문서, 또는 둘, 또는 그 이상의 관련 문서에 구현되고 있는가에 관계없이, 또한 그 특정의 명칭에 관계없이 서면 형식으로 국가 간에 체결되며, 또한 국제법에 의해 규율되는 국제적 합의"('조약법에 관한 비엔나협약' 제2조 참조)를 말한다. 한편 조약에 관한 내용을 규율하기 위한 다자 협약으로 "국가와 국제기구 간, 또는 국제기구 상호 간의 조약법에 관한 비엔나협약"이 있다(1986년 채택). 이와 같이 규정하고 있듯이 조약은 국제법 주체 간에 권리 · 의무 관계를 창출하기 위하여 서면 형식으로 체결

되며, 국제법에 의하여 규율되는 합의라고 할 수 있다.

일반적으로 다자 조약은 관계 국가가 참가하는 국제기구의 총회에서 이루어지거나 조약의 채택을 위해 별도로 소집되는 외교 회의(Diplomatic Conference)를 통해서 조약안의 내용과 형식을 결정한다.

조약문은 크게 제목(title), 전문(preamble), 본문(main parts)으로 구성되어 있으며, 본문은 다시 주된 조문(articles), 최종 조항(final clauses), 부속서 (annex)로 구성된다. 부속서란 본문과는 분리되어 있으나 역시 본문의 일부를 이루는 문서로서 보통 기술적인 규정이나 보충 사항을 그 내용으로 한다.

조약의 조문에 구체적인 내용까지 포함시킬 경우 조약 본문의 분량이 너무 방대해지고 그 체제가 산만하게 되므로 이런 현상을 막기 위해 부속서로 분리시키는 것이다. 그러나 법률적으로 부속서도 본문과 일체를 이루며 이에 따라 당연히 상응하는 법적 구속력을 지니게 된다.

조약의 명칭은 관행적으로 조약(treaty), 헌장(charter), 규정(statute), 규약(covenant), 협정(agreement), 협약(convention), 의정서(protocol) 등으로 구분한다. 일반적으로 조약(treaty)은 가장 격식을 따지는 정식의 문서로서 주로 당사국 간의 정치적, 외교적 기본 관계나 지위에 관한 포괄적인 합의를 기록하는 데 사용되며, 협약(Convention)은 특정 분야 또는 기술적인 사항에 관한 입법적 성격의 합의에 많이 사용되며, 아울러 국제기구의 주관하에 개최된 국제회의에서 체결되는 다자 조약의 경우에도 흔히 사용된다(예, 한·미 간의 상호방위조약(Mutual Defense Treaty, 1953), 국제민간항공협약(Convention on International Civil Aviation, 1944) 외교 관계에 관한 비엔나협약(Vienna Convention on Diplomatic Relations, 1961)).

(3) 항공공법과 항공사법

항공공법은 항공기 및 항공기 운항과 관련된 법률 분야 중 공법상의 법률관계를 정한 법규의 총체를 말하며, 국가가 주체인 대부분 항공법은 항공공법에 해당한다. 일반적으로 항공 공법은 항공 사법에 관한 사항보다 광범위한 내용을 규율하고 있다. 국제 항공 공법은 국제 협정에 의하여 사법 규칙을 통일, 또는 조정할 뿐만 아니라 ICAO와 같은 특정 국제기구가 '표준'(standards)과 '권고 방식'(recommended practices)을 통하여 국제 민간항공의 발전과 안전을 촉진하기 위하여 제반 기준을 규율할 수 있도록 하고 있다. 항공 공법은 비행 허가, 노선 개설 허가, 항공 안전 및 보안을 위한 국가간 협정, 사고 조사, 항공 기업의 감독에 관한 각종 법규, 항공 범죄 처벌 등 매우 광범위하다.

국내 항공법 중 항공법, 항공보안법, 항공·철도 사고 조사에 관한 법률, 항공운송사업진흥법, 항공 안전기술원법, 항공기 등록령 등이 항공 공법에 해당한다. 국제적으로는 타국의 영공을 통과함에 따라 발생하는 공역주권 및 항행 관련 기준 등을 규율 한 파리협약(1919), 하바나협약(1928), 시카고협약 (1944) 등과, 항공기 운항상 안전을 위하여 체결된 형사법적 성격의 국제조약인 동경협약(1963), 헤이그협약(1970), 몬트리올협약(1971), 북경협약(2010) 등이 항공 공법에 해당한다.

항공 사법은 항공기 및 항공기 운항과 관련된 법률 분야 중 사법상의 법률 관계를 정한 법규의 총체를 말하며, 항공 사고 발생 시 항공기, 여객, 화물 등의 손해에 대한 운항자 또는 소유자의 책임 관계 규율 및 항공기의 사법상의 지위, 항공운송 계약, 항공기에 의한 제3자의 피해, 항공보험, 항공기 제조업자의 책임 등은 항공 사법에 해당한다. 국제 항공 사법에 해당하는 국제조약으로는 바르샤바협약(1929), 로마협약(1933), 헤이그의정서(1955), 과달라하라협약(1961), 몬트리올추가의정서 1/2/3/4(1975), 몬트리올협약(1999), 항공기 유발 제3자 피해 배상에 관한 몬트리올 2개 협약(2009) 등이 있다.

한편 국가는 항공사법을 국제적으로 통일하는 조약 체결의 주체이

기도 하며, 때로는 사법의 적용과 통일이 국가의 관여하에 사법의 통일적 적용이 보장 되고 있다. 1929년 바르샤바협약과 후속 관련 조약, 2001년 케이프타운협약 등 대다수 협약이 국가가 당사자로 되어 있다.

2. 항공법 발달

1) 국제 항공법 발달

(1) 국제 항공 공법: 항공 안전

1783년 몽골피에가 기구(balloon)를 이용하여 비행한 이후 유럽 각국에서는 기구의 제작과 비행이 확산되었다. 기구의 비행은 국내뿐만 아니라 국제적으로 규제의 필요성이 대두되었고, 1880년 국제법 협회(ILA)의 의제로 채택되었으며, 1889년 파리에서 최초로 국제 항공 회의가 개최되는 계기가 되었다. 이후 1899년 제1차 헤이그 국제평화회의에서 항공기구로부터 총포류의 발사 금지 선언이 채택되었고, 1913년에는 프랑스와 독일이 월경 항공기에 대한 규제에 동의하는 각서를 교환하였는데 이는 항공과 관련하여 최초로 국가 간에 주권 원칙을 인정한 사례로 볼 수 있다. 이러한 일련의 사건들이 국제 항공법의 초기 형태이다.

제1차 세계대전 이후, 항공 규칙의 통일을 위하여 1919년 전쟁 승리국가 위주의 협약인 파리협약이 채택되었는데 파리협약의 내용은 시카고협약의 모델이 되었다. 파리협약에서는 제1조 영공의 절대적 주권 명시, 제27조 외국 항공기의 사진 촬영 기구부착 비행 금지, 제34조 국제항행위위원회(ICAN) 설치 등을 규정하고 있으나, 미국이 상원의 비준 거부로 협약 당사국이 되지 못하여 국제적으로 큰 힘을 발휘하지 못하였다. 파리협약 이후 자국 영공 제한 또는 금지 등 영공국의 권한이 강화되었으며, 협약은 무인 항공기가 영공국의 허가 없이 비행하는 것을 금지하는 내용을 포함하였다.

전쟁 승리 국가 위주의 파리협약 이후, 1926년 중립국인 스페인 위주의 마드리드협약과 1928년 미국 및 중남미 국가 위주의 하바나협약이 채택되어 각각 세력 확장을 꾀하였으나 제2차 세계대전 이후 1944년 시카고협약을 채택하여 전 세계 국가가 명실상부한 통일 기준을 적용하는 계기가 되었다.

시카고협약은 국제 민간항공의 질서와 발전에 있어서 가장 기본이 되는 국제조약으로 이 협약에 의해 설립된 ICAO는 항공 안전 기준과 관련하여 부속서를 채택하고 있으며, 각 체약국은 시카고협약 및 같은 협약 부속서에서 정한 SARPs에 따라 항공법규를 제정하여 운영하고 있다(시카고협약에 대해서는 1.3에서 자세히 기술하였다).

(2) 국제 항공 공법: 항공 범죄

항공 범죄가 점차 다양한 형태로 발생함에 따라 항공 범죄를 규율하기 위한 국제조약도 이에 상응하는 발전을 가져왔다. 항공 범죄와 관련하여 통일적 적용을 위한 주요 국제조약은 다음과 같다.

- 항공기 내에서 행하여진 범죄 및 기타 행위에 관한 협약(약칭, 1963 동경협약)[1]
- 항공기의 불법 납치 억제를 위한 협약(약칭,1970 헤이그협약)[2]
- 민간항공의 안전에 대한 불법적 행위의 억제를 위한 협약(약칭, 1971 몬트리올협약)[3]
- 1971년 9월 23일 몬트리올에서 채택된 민간항공의 안전에 대한 불법적 행위의 억제를 위한 협약을 보충하는, 국제 민간항공에

1) ICAO Doc 8364. 1963.9.14. 채택되어 1969.12.4 발효, 한국은 1971.2.19. 비준서를 기탁하여 1971.5.20. 발효. 2015년 7월 현재 당사국 186개국임.

2) ICAO Doc 8920. 1970.12.16. 채택되어 1971.10.14 발효, 한국은 1973.1.18. 비준서를 기탁하여 1973.2.17. 발효. 2015.7.1. 현재 당사국 185개국임. 본 협약은 ICAO에 서 영어, 프랑스어, 스페인어 이외에 러시아어로도 채택된 최초의 법률 문서임.

3) ICAO Doc 8966. 1971.9.23. 채택, 1973.1.26. 발효, 한국은 1973.8.2. 비준서를 기탁하여 1973.9.1. 발효. 2015.7.1. 현재 당사국 188개국임.

사용되는 공항에서의 불법적 폭력 행위 억제를 위한 의정서 (약칭, 1971 국제 민간항공의 공항에서의 불법적 행위 억제에 관한 의정서)[4)]

- 탐색 목적의 플라스틱 폭발물의 표지에 관한 협약(약칭, 1991 플라스틱 폭발물 표지 협약)[5)]
- 국제 민간항공에 관한 불법행위 억제를 위한 협약(약칭, 2010 북경협약)[6)]
- 항공기의 불법 납치 억제를 위한 협약 보충 의정서(약칭, 2010 북경의정서)[7)]
- 항공기 내에서 행하여진 범죄 및 기타 행위에 관한 협약에 관한 개정 의정서(약칭, 2014 몬트리올의정서)[8)]
- 국제민간항공협약 부속서 17 항공 보안 (1944 시카고협약)

항공 범죄에 대한 상기 조약 중 2010 북경협약, 2010 북경의정서 및 2014 몬트리올의정서를 제외한 모든 조약은 이미 발효된 조약이고, 한국도 당사국의 위치에 있어 항공 보안에 관한 국제법 및 국내법 체계의 근간이 되고 있다. 반면, 2010 북경협약, 2010 북경의정서의 경우 발효 요건을 충족하기까지는 장기간 소요될 것으로 예상된다. 한편 한국은 항공보안법에 한국이 당사국이면서 현재 발효된 조약을 명시하여 준수의 의무를 공고히 하고 있다. 또한, 상기 조약 이외에 국제연합총회 및 안전보장이사회 결의와 UN 주도하의 정상회의를 통한 선언 등이 항공 보안 관련 중대한 영향을 미치며, 항공

4) ICAO Doc 9518. 1988.2.24. 채택, 1989.8.6. 발효, 한국은 1995.7.19. 비준서를 기탁하여 1995.8.18. 발효. 2015.7.1. 현재 당사국 173개국임.
5) ICAO Doc 9571. 1991.3.1. 채택, 1998.6.21. 발효, 한국은 2002.1.2. 비준서를 기탁하여 2002.3.3. 발효. 2015.7.1. 현재 당사국 152개국임. 일반적으로 '탐색 목적의 플라스틱 폭발물의 표지에 관한 조약' 또는 '플라스틱 폭약의 탐지를 위한 식별 조치에 관한 협약'이라고 일컬으나 항공보안법 제3조에서는 '가소성 폭약의 탐지를 위한 식별 조치에 관한 협약'이라고 표기하고 있음.
6) ICAO Doc 9960. 2010.9.10. 채택. 2015.7.1 현재 발효되지 않았으며 한국 미가입.
7) 2010.9.10. 채택. 2015.7.1 현재 발효되지 않았으며 한국 미가입.
8) 2014.4.4. 채택. 2015.7.1. 현재 발효되지 않았으며 한국 미가입.

보안 및 항공 범죄와 관련한 상기 조약에 관한 주요 내용은 다음과 같다.

[표 2-1] 항공 보안 및 항공 범죄 관련 주요 국제 항공 조약

국제 조약	내용
1963 동경협약	항공기내에서 범한 범죄 및 기타 행위에 관한 협약 • 비행 중(in flight)[9] 기내의 범죄 행위에 대한 기장의 권리와 의무를 명확히 함 • 국가 항공기(군용·세관용·경찰용 항공기)는 적용 대상에서 제외 • 관할권(등록국에게 형사 관할권 부여) • 기장(aircraft commander)의 권한과 의무 부여 – 비행 중(in flight) 항공기 안전 운항 최종적 책임 – 기내의 인명 및 재산의 안전 보장 – 기내의 질서와 규율의 유지 – 범죄자 감금 및 관계 당국에 인도 또는 하기 조치 권한 • 범죄혐의자에 대하여 기장, 승무원, 승객이 취한 조치에 대한 면책 • 본 협약은 항공 범죄를 규율하기 위한 최초의 국제조약이라는 의의를 가지나, 범죄를 구체적으로 정의하지 않음
1970 헤이그협약	항공기의 불법납치 억제를 위한 협약 • 비행 중(in flight) 항공기에서 불법적으로 또는 무력으로 항공기를 납치하거나 기도한 자 또는 공범자를 범죄로 규정함으로써 하이재킹 처벌 근거 마련 • 국가 항공기 적용 제외, 범죄인 인도 아니면 소추 및 정 처벌 • 관할권(항공기 등록국, 항공기 착륙국, 주된 영업소, 범인 발견국) • 본 협약은 비행 중 발생하는 항공기 납치 사건 대처에 성공적인 협약으로 평가되나, 비행 중인 아닌 주기하고 있는 항공기에서의 범죄에 대해서는 규율하지 못함

9) 비행 중(in flight)에 대해서는 여러 조약에서 용어 정의를 하고 있음. 항공 범죄 관련하여 동경협약 제1조 3항은 '비행 중'(in flight)에 대해 이륙을 목적으로 엔진이 작동되는 때부터 착륙을 위해 주행이 끝날 때까지로 정의하고 있으나, 헤이그협약 제3조 1항과 몬트리올협약 제2조(a)항에는 '비행 중'(in flight)을 항공기 출입문이 승객이 탑승하고 닫힌 때부터 하강하기 위하여 출입문이 열릴 때까지로 정의하고 있음. 단, 동경협약에서도 기장의 권한에 대해서는 헤이그협약 및 몬트리올협약에서 규정한 비행 중 정의를 채택하고 있음(동경협약 제5조2항). 동경협약 가입 시 번역 조약문에도 'in flight'를 '비행 중'으로 번역하여 사용하였으며, 국내 대다수 학자들도 'in flight'를 '비행 중'으로 사용하고 있으나, 국내 항공법규에서는 항공 범죄 및 기장의 권한과 관련한 'in flight' 용어를 '비행 중' 또는 '운항 중'으로 혼재하여 사용하고 있음. 한편 항공보안법에서

1971 몬트리올협약	민간항공의 안전에 대한 불법적 행위의 억제를 위한 협약 • 민간항공의 안전에 대한 불법행위(항공기 파괴, 탑승자 폭행, 안전 저해 행위 등) • 국가 항공기 적용 제외, 범죄인 인도 아니면 소추 및 엄정 처벌 • 비행 중(in flight)뿐 아니라 서비스 중(in servise)[10] 발생한 범죄로 범죄 적용범위를 확대 • 본 협약은 범죄 적용 범위를 서비스 중으로 확대하였으나, 항공기를 무기로 이용하는 범죄 등에 대해서는 규율하지 못함
1988 몬트리올협약 의정서	국제민간항공의 공항에서의 불법적 행위 방지에 관한 의정서 (1971년 9월 23일 몬트리올에서 채택된 민간 항공기 안전에 대한 불법적 행위에 억제를 위한 협약을 보충하는 국제 민간항공에 사용되는 공항에서의 불법적 행위의 억제를 위한 의정서) • 국제공항에서의 폭력 행사와 파괴 행위를 범죄행위에 포함
1991 플라스틱 폭발물 표지 협약	탐색 목적의 플라스틱 폭발물의 표지에 관한 협약[11] • 1987년 11월 29일 대한항공 858편 보잉 707 미얀마 인접 상공 폭발 사건, 1988년 12월 21일 팬암 103 보잉747 영국, 스코틀랜드 로커비 상공 폭발 사건을 계기로 플라스틱 폭약의 탐지 어려움을 방지하기 위하여 플라스틱 폭약 탐지가 가능하도록 플라스틱 폭약에 표지(marking) 의무화
2010 북경협약	국제 민간항공에 관한 불법행위 억제를 위한 협약 • 1971년의 몬트리올협약과 1988년의 몬트리올의정서를 재정한 조약 • 운항 항공기를 이용한 범죄, 생물학 · 화학 · 핵무기(BCN)[12]투하 및 사상을 목적으로 하는 불법 항공운송 등을 범죄에 포함 • 국가 항공기 적용 제외, 범죄인 인도 아니면 소추 및 엄정 처벌 • 범죄인 인도 요청을 접수할 경우 관련자는 정치인 범죄로 간주하지 않음 • 헤이그 협약 및 몬트리올 협약상 4개 관할권 이외에 3개의 관할권 추가(자국민에 의한 범죄, 자국민에 대한 범죄, 자국 상주 무국적자에 대한 범죄) • 생물학 · 화학 · 핵무기에 대한 금지 및 운항 항공기를 이용한 범죄 등을 추가함으로써 9.11 사태와 같은 항공기를 무기로 이용한 테러 행위도 규율 대상임

는 '운항 중'이란 "승객이 탑승한 후 항공기의 모든 문이 닫힌 때부터 내리기 위하여 문을 열 때까지를 말한다."라고 규정하고 있으며 이는 동경협약의 in flight를 의미하는 것으로 '비행 중'을 말함. 필자는 'in flight'에 해당하는 용어를 가능한 한 '비행 중'으로 통일하여 사용함.

2010 북경의정서	항공기의 불법납치 억제를 위한 협약 보충 의정서 • 1970년의 헤이그협약을 개정한 의정서 • 헤이그협약 대비 범죄 구성요소 확대 • 헤이그협약 및 몬트리올협약 상의 관할권 이외에 관할권 추가(자국 영토상 범죄, 자국민에 의한 범죄, 자국민 피해 범죄, 무국적자 범죄일 경우 등 무국적자 상주국)
2014 몬트리올의정서	항공기 내에서 행하여진 범죄 및 기타 행위에 관한 협약에 관한 개정 의정서 (1963년의 동경협약을 개정한 의정서) • 비행 중(in flight)의 정의 통일 • 재판 관할권을 착륙국 및 운영국으로 확대 • 기내 보안관 도입을 선택적으로 하되 기내 보안관의 지위는 승객과 동일하게 함
1944 시카고협약	국제민간항공협약 부속서 17 항공 보안 • 민간항공의 안전에 대한 불법적 행위의 억제를 위한 협약 • 민간항공의 안전에 대한 불법행위(항공기 파괴, 탑승자 폭행, 안전 저해 행위 등) 1971

(3) 국제 항공 사법: 국제 항공운송인의 책임

항공운송인의 책임은 항공기 운항자로서 계약관계에 있는 탑승객 등에 대한 손해배상책임과 제3자에 대해 발생시킨 손해배상책임을 들 수 있다.

항공기가 국경을 넘어 2개 국가 이상을 비행하면서 국가 간에 적용할 통일된 규범이 필요하였다. 1차 세계대전 후인 1920년대 항공운

---

10) 서비스 중(in service)이란 항공기가 사전 비행 준비를 하는 단계부터 시작하여 이륙을 하여 착륙한 후 24시간까지의 시간임(몬트리올협약 제2조(b)). 우리나라 항공보안법에서는 'in service' 용어 정의는 명시하고 있지 않으나 항공기 계류 중의 범죄도 포함하고 있음. 국내 학자들 중에는 몬트리올협약 상의 'in service'를 운항 중, 업무 중, 서비스 중으로 번역하여 사용하고 있으나 필자는 서비스 중으로 사용함.

11) 일반적으로 '탐색 목적의 플라스틱 폭발물의 표지에 관한 조약' 또는 '플라스틱 폭약의 탐지를 위한 식별 조치에 관한 협약'이라 사용되나 항공보안법 제3조에서는 '가소성 폭약의 탐지를 위한 식별 조치에 관한 협약'이라고 표기하고 있음.

12) 베이징협약 제2조. BCN: biological weapons, chemical weapons, nuclear weapons.

송산업이 발전하기 위해서 사법의 통일이 절대적으로 필요하다고 인식하게 되었으며, 그 결과 국제항공법전문위원회 (CITEJA)의 노력에 힘입어 1929년 10월 21일 폴란드 바르샤바에서 열린 제2회 국제항공 사법 회의에서 오늘날 항공운송인의 책임에 관한 대헌장으로 일컬어지는 소위 바르샤바협약(Warsaw Convention, 1929)이 탄생하였다. 이후 바르샤바협약은 항공운송사업의 급속한 발달로 인해 여러 차례 개정되었으며,[13] 이들 협약을 총칭하여 바르샤뱌체제(Warsaw system or Warsaw regime)라 한다. 이 바르샤바 체제는 1999년 국제 항공운송 책임에 대한 기준을 통합한 몬트리올협약이 발효되기 전까지 항공운송인의 책임에 대해 가장 널리 통일된 기준을 제공한 국제 항공 사법이다.

항공운송인의 책임과 관련하여 국제적으로 통일된 적용을 위한 주요 국제조약은 다음과 같다.

- 국제 항공운송에 있어서의 일부 규칙의 통일에 관한 협약(1929 바르샤바협약)[14] Convention for the Unification of Certain Rules Relating to International Carriage by Air.
- 1929년 바르샤바협약을 개정하기 위한 의정서(1955 헤이그의정서)[15]
- 계약 당사자가 아닌 운송인이 행한 국제 항공운송과 관련된 일부 규칙의 통일을 위한 바르샤바 협약을 보충하는 협약(1961 과달라하라협약)[16]

---

13) 바르샤바체제는 1929년에 채택된 '국제 항공운송에 있어서의 일부 규칙의 통일에 관한 협약'(Convention for the Unification of Certain Rules Relating to International Carriage by Air)을 기본으로 하고 연후 채택된 1955년 헤이그의정서, 1961년 과달라하라협약, 1966년 미국을 운항하는 항공사 간의 몬트리올협정, 1971년 과테말라시티의정서, 1975년 몬트리올추가의정서 4개(1, 2, 3, 4)를 지칭함.

14) 1929.10.1. 채택되어 1933.2.13. 발효. 2015.7.1 현재 당사국 152개국이며 한국은 바르샤바협약에는 가입하지 않았으나 바르샤바협약을 개정한 1955 헤이그의정서에는 가입함.

15) ICAO Doc 7632. 1955.9.28. 채택, 1968.8.1. 발효. 2015.7.1 현재 137개 당사국. 한국은 1967.10.11. 당사국이 됨.

- 1966 몬트리올협정[17]
- 1955년 9월 28일에 헤이그에서 작성된 의정서에 의하여 개정된, 1929년 10월 13일 바르샤바에서 서명한 국제 항공운송에 대한 규칙의 통일에 관한 협약의 개정 의정서(1971 과테말라의정서)[18]
- 몬트리올 제1, 제2, 제3추가의정서 및 제4의정서(1975 몬트리올추가의정서)[19]
- 국제 항공운송에 관한 일부 규칙의 통일에 관한 협약(1999 몬트리올협약)[20]

  상기 1999 몬트리올협약은 1929년 바르샤바협약 이후 개정된 다수의 국제 협약으로 인해 각 국가 간 적용되는 협약의 내용이 상이하고 바르샤바협약상 상액이 현실적으로 너무 적은 문제점이 제기되고, 바르샤바협약의 본래 제정 목적을 달성하기 위해 국제 항공운송의 책임 원칙을 통일해야 할 필요성이 제기됨에 따라 그간 바르샤바체제의 조약 개정을 방관하던 ICAO가 정상적인 조약 준비 및 승인 절차까지 일탈하여 투명성도 결여된 채 급조한 협약이다.

  그러나 몬트리올협약은 과거 70여 년간 적용되었던 바르샤바체제의 내용이 여러 조약과 항공사 간의 협정으로 분산 규율되어 있는 바를 하나로 통합하면서 배상 상한 인상 등을 현대화한 것으로 주요 항공대국의 순조로운 비준과 가입으로 바르샤바체제를 대체하고 있다.

16) ICAO Doc 8181. 1961.6.18. 채택, 1964.5.1. 발효, 2015.7.1 현재 당사국은 86개국이며 한국은 미가입.
17) 동 몬트리올협정은 운송 구간이 미국을 출발지, 도착지 또는 경유지로 할 경우에 적용되는 항공사 간 협정.
18) 1971.3.8. 채택, 2015.7.1. 현재 미발효되었으며 한국 미가입.
19) ICAO Doc 9145. 제1/제2의정서는 1996.2.15. 발효되었고 제4의정서는 1998.6.14. 발효됨.
20) ICAO Doc 9740. 1999.5.28. 채택, 2003.11.4. 발효. 2015.7.1 현재 113개 당사국. 한국은 2007.12.29. 당사국이 됨

[표 2-2] 바르샤바협약과 몬트리올협약 비교

<table>
<tr><th colspan="2">구분</th><th>바르샤바협약</th><th>몬트리올협약</th></tr>
<tr><td colspan="2">채택
발효
당사국 현황</td><td>• 채택 : 1929년
• 발효 : 1933년
• 당사국 : 152개(2015.7)</td><td>• 채택 : 1999년
• 발효 : 2003년
• 당사국 : 113개(2015.7)</td></tr>
<tr><td colspan="2">목적</td><td>• 국제 항공운송에 관한 통일법 제정
• 항공 산업보호·육성 차원에서 운송인의 책임 제한을 통한 국제 항공운송산업발전 도모</td><td>• 바르샤바협약의 책임 원칙의 현대화 및 현실화
• 소비자 이익의 보호 원칙 및 실제 손해배상의 원칙 반영</td></tr>
<tr><td colspan="2">책임원칙</td><td>• 운송인의 유한책임주의
• 운송인의 과실책임주의(과실추정주의)
• 고의에 상당하다고 인정되는 행위(Will Misconduct)로 인한 손해가 발생한 경우 운송인은 무한책임</td><td>• 여객 2단계 책임 제도(2 tier liability system)
- 10만 SDR 이하 : 절대책임주의[21]
- 10만 SDR 초과 : 과실추정주의[22]
• 화물의 경우 유한절대책임주의</td></tr>
<tr><td colspan="2">책임경감, 면제사유</td><td>• 피해자 기여 과실
• 운송인 무과실
• 불가항력 등</td><td>• 승객의 기여 과실
• 승객의 10만 SDR 초과 배상시 운송인의 무과실 항변
• 지연 시 운송인의 무과실 항변 등</td></tr>
<tr><td rowspan="4">책임
제한액</td><td>여객(PAX)</td><td>• FRF 125,000(USD 10,000)</td><td>• 승객 사상 시 무한책임
• 승객 연착 시 SDR 4,150</td></tr>
<tr><td>수하물</td><td>• 휴대 수하물(PAX) : FRF 5,000 (USD 400)</td><td rowspan="2">• 수하물 파손, 분실, 연착 : SDR 1,000(승객당)</td></tr>
<tr><td>화물(KG)</td><td>• 위탁 수하물(KG) : FRF 250 (USD 20)</td></tr>
<tr><td>한도액 조정</td><td>• FRF 250 (USD 20)</td><td>• SDR 17(KG당)[23]</td></tr>
<tr><td colspan="2">관할권</td><td>• 4개 관할권(① 운송인의 주소지, ② 운송인의 주된 영업소 소재지, ③ 운송인이 계약을 체결한 영업소 소재지, ④ 도착지)</td><td>• 5개 관할권 인정(① 운송인의 주소지, ② 운송인의 주된 영업소 소재지, ③ 운송인이 계약을 체결한 영업소 소재지, ④ 도착지, ⑤ 승객의 영구적인 주(거)소지)[24]</td></tr>
<tr><td colspan="2">선급금</td><td>-</td><td>• 국내법 의거 지급</td></tr>
<tr><td colspan="2">징벌적 손해배상</td><td>해석상 부인</td><td>• 명시적 배제</td></tr>
<tr><td colspan="2">항공보험</td><td>-</td><td>• 가입강제</td></tr>
</table>

(4) 국제 항공 사법: 제3자 손해에 대한 책임

항공운송인의 책임은 항공기 운항자로서 계약관계에 있는 탑승객 등에 대한 손해배상책임과 제3자에게 발생시킨 손해배상책임을 들 수 있다. 항공기 운항자로서 제3자에게 발생시킨 손해배상책임에 대한 최초 국제조약은 1933년 로마협약이다. 로마협약체제는 바르샤바협약체제와 함께 운송인의 책임에 대한 두 축 중 한 축을 담당해 왔다. 1933년 로마협약은 여러 번 개정되었으나 배상금에 대한 시각차가 커서 바르샤바체제만큼의 지지를 받지 못했다. 또한, 항공 선진국들이 협약을 비준하지 않아 실질적으로 오랫동안 국제 협약으로서의 역할을 수행하지 못했다. 그러던 중 2001.9.11. 오사마 빈 라덴이 주 도하여 미국을 공격한 9.11 테러가 발생하고 1999년 몬트리올협약이 발효되면서 제3자에 대한 손해배상 현대화의 필요성도 강력히 제기되었다. 이후 2009년 일반위험배상협약과 불법방해배상협약이 동시에 채택되었지만 얼마만큼 각 국가의 지지를 받을 수 있을지 의문이다. 제3자 손해에 대한 책임과 관련하여 국제적으로 통일된 적용을 위한 주요 국제조약은 다음과 같다.

- 항공기에 의한 지상 제3자의 손해에 관한 규칙의 통일을 위한 협약(1933 로마협약)[25)]

  Rome Convention on Surface Damage.
- 외국 항공기가 지상 제3자에 가한 손해에 관한 규칙의 통일을 위한 협약(1952 로마협약)[26)]

---

21) 주의할 점은 100,000SDR까지 운송인이 절대책임을 지는 경우라도 손해배상을 청구하는 자의 기여 과실이 있을 때에는 그 정도에 따라 감면될 수 있다는 점(협약 제20조)과 어떠한 경우라도 100,000SDR까지 무조건 지급되는 것이 아니라 피해자의 실제 손해만큼 배상된다는 점임.

22) 운송인은 스스로 무과실을 입증해야 면책됨.

23) 승객과 수하물의 배상 상한이 wilful misconduct의 경우 파기되지만 화물의 경우에는 어떠한 경우에도 kg당 17SDR의 배상 상한이 파기될 수 없음(협약 제22조 제3항).

24) 제5관할권은 승객의 사망 또는 상해에 관한 손해배상에만 적용되며 화물에는 적용되지 않음.

25) 1933년 채택, 1942년 발효, 2015년 7월 현재 당사국 5개국이며 한국 미가입. 사문화된 협약으로 간주됨.

26) ICAO Doc 7364. 1952.10.7. 채택, 1958.2.4. 발효, 2015.7.1 현재 당사국 49개국이며 한국은 미가입.

Convention on Damage Caused by Foreign Aircraft to Third Parties on the Surface.

- 1952년 로마협약을 개정하는 몬트리올의정서(1978 몬트리올의정서)[27]
  Protocol to Amend the Convention on Damage Caused by Foreign Aircraft to Third Parties on the Surface Signed at Rome on 7 October 1952.
- 항공기 유발 제3자 피해 배상에 관한 협약(2009 일반위험배상협약)[28]
  Convention on Compensation for Damage Caused by Aircraft to Third Parties.
- 항공기 사용 불법 방해로 인한 제3자 피해 배상에 관한 협약(2009 불법방해배상협약)[29]
  Convention on Compensation for Damage to Third Parties, Resulting from Acts of Unlawful Interference Involving Aircraft.

(5) 국제 항공 사법

항공기 권리 항공 관련 국제적으로 통일된 적용을 위한 국제조약 중 시카고협약 체결 이후 항공기의 권리와 관련 한 주요 국제조약은 다음과 같다.

- 항공기에 대한 국제적 권리 인정에 관한 협약 (1948 제네바협약)[30]
  Convention on the International Recognition of Rights in Aircraft.
- 이동 장비에 대한 국제 권리/ 국제 담보권에 관 한 협약(2001 케이프타운협약)[31]
  Convention on International Interests in Mobile Equipments.

---

27) ICAO Doc 9257. 1978.9.23. 채택, 2002.7.25. 발효, 2015.7.1 현재 당사국 12개국이며 한국은 미가입.

28) ICAO Doc 9919. 2009년 5월 2일 채택, 2015년 7월 현재 미발효.

29) ICAO Doc 9920. 2009년 5월 2일 채택. 2015년 7월 현재 미발효.

30) ICAO Doc 9740. 정식 명칭은 Convention on the International Recognition of Rights in Aircraft(ICAO Doc 7620)으로 1948년 6월 19일 제네바에서 열린 국제민간항공기구(ICAO)의 제2회 총회에서 채택되었으며 1953년 9월 17일 발효함. 2015.7.1. 현재 당사국 89개국이며 한국은 미가입.

31) ICAO Doc 9793. 정식 명칭이 Convention on International Interests in Mobile Equipment(ICAO Doc 9793)와 Protocol to the Convention on International Interests in Mobile Equipment on Matters Specific to Aircraft Equipment(ICAO Doc9794)이며 양자 모두 2001.11.16. 채택되어 2006.3.1. 발효하였음. 2015년 7월 현재 당사국은 68개국이며 한국은 미가입. 조약의 수탁처는 UNIDROIT임.

2) 국내 항공법 발달

한국의 법령 체계는 최고 규범인 「헌법」을 정점으로 그 헌법 이념을 구현하기 위하여 국회에서 의결하는 법률을 중심으로 하면서, 헌법 이념과 법률의 입법 취지에 따라 법률을 효과적으로 시행하기 위하여 그 위임 사항과 집행에 관하여 필요한 사항을 정

한 대통령령과 총리령·부령 등 행정상의 입법으로 체계화되어 있다. 법은 사회질서를 유지하기 위한 규범으로서 통일된 국가 의사를 표현하는 것으로 보편적으로 타당한 것이어야 한다. 이에 따라 모든 법령은 통일된 법체계로서의 질서가 있어야 하며, 상호 간에 충돌이 생겨서는 아니 된다.

한국의 기본적인 법령 체계 및 법령 입안의 기본 원칙은 표 1-3과 같다.

[표 2-3] 법령 체계 및 법령 입안 기본 원칙

한국의 법령 체계	법령 입안의 기본원칙[32]
• 헌법(Constitution) • 법률(Act), 조약(Treaty) • 대통령령(Presidential Decree) = 시행령(Enforcement Decree) • 총리령(Ordinance of the Prime Minister)·부령(Ordinance of the Ministry of 각부)= 시행규칙(Enforcement Rule) • 조례(Municipal Ordinance)·규칙(Municipal Rule) • 행정규칙(Administrative Rule)	• 입법 조치의 필요성과 타당성 • 입법 내용의 정당성과 법적합성 • 입법 내용의 체계성·통일성과 조화성 • 표현의 명료성과 평이성

(1) 국내 항공법 발달 과정

시카고협약이 1944년 채택된 후 1947년에 발효하였지만 1948년에 수

32) 법제처 2010 중앙 행정 기관 법제 교육 자료.

립된 대한민국 정부가 이러한 조약에 관심을 가질 형편은 아니었다. 1948년 정부수립과 동시에 제정된 대한민국 헌법은 "비준 공포된 국제조약과 일반적으로 승인된 국제법규는 국내법과 동일한 효력을 가진다."라고 규정하면서 국제적 지원하에 탄생된 우리 정부의 대외적 인식을 표명함과 동시에 신생 독립국인 한국이 국제조약에 참여할 경우 바로 한국 내에도 적용되도록 하였다.

조약 등 국제법을 국내법으로 수용하는 방식은 나라마다 다르다. 한국은 국제법을 국내법과 동일한 효력을 갖는 것으로 헌법에 규정[33]하였기 때문에 조약 등 국제법이 그대로 국내법으로 적용되지만, 국내 적용을 위하여 중요한 내용이나 국내 적용을 위하여서 국내 입법이 필요하다거나 생소한 내용을 적용하기 위해서는 관련 국내법을 제정하기도 한다. 항공법이 그러한 부문에 해당되어 우리 정부는 관련 국내법을 제정할 필요성을 인식하였고 이에 따라 1961.3.7. 법률 제591호로 [항공법]을 제정하였다.

항공법은 제정된 후 항공 산업의 발전과 기술에 부응하는 한편 지속적으로 개정하면서 '항공 보안'과 '항공기 사고 조사'에 관한 내용 등은 별도의 국내법으로 분화시키는 작업을 하였다.

한편 대한민국 정부 수립 이전에 적용된 국내 항공법은 1927년 조선총독부령에 의해 제정되었으며 해방 후 독자적 법령이 준비되기 전까지는 1945년의 미군정청령에 의거한 기존의 여러 법령이 유지되었다. 이후 1952년에 ICAO 시카고협약에 가입하면서 독자적인 국내 항공법의 제정 필요성이 대두되었다.

1958년 미국 연방항공청(FAA)의 항공법 전문가를 초청하여 국내 항공법 제정 방안을 검토하는 등 자체적인 준비 과정을 거친 후 국내법 체계를 고려한 항공법이 마련되었으며, 입법 절차를 거친 후

33) 1987.10.29. 전부 개정, 1988.2.25. 시행하여 현재 적용 중인 헌법 제10호 제6조 1항은 "헌법에 의하여 체결·공포된 조약과 일반적으로 승인된 국제법규는 국내법과 같은 효력을 가진다."라고 함.

1961년에 항공법이 공포됨으로써 우리나라 민간항공에 적용하는 기본법으로서의 독자적인 항공법은 1961년 6월 7일부터 시행되었다. 그러나 1961년 제정된 「항공법」은 항공 사업, 항공안전, 공항 시설 등 항공 관련 분야를 망라하고 있어 내용이 방대하여 국제 기준 변화에 신속히 대응하는 데 미흡한 측면이 있고, 여러 차례의 개정으로 법체계가 복잡하여 국민이 이해하기 어려우므로, 국제 기준 변화에 탄력적으로 대응하고 업무 추진 효율성 및 법령 수요자의 접근성을 제고하고자 항공 관련 법규의 체계와 내용을 알기 쉽도록 「항공법」을 「항공 사업법」, 「항공안전법」 및 「공항시설법」으로 분법하여 2016년 3월29일 제정, 2017년 3월 30일부터 시행하였다.

① 항공 사업 법령

항공운송사업/ 항공기 사용 사업, 항공기 정비업등/ 항공교통 이용자 보호/ 항공 사업의 진흥 사항 등을 규정하고 있으며, 주요 개편 내용은 다음과 같다.

- 「항공법」 중 항공운송사업 등 사업에 관한 내용과 「항공운송사업진흥법」을 통합하여 「항공사업법」으로 제정
- 항공교통 이용자 보호를 위하여 당일 변경할 수 있는 사업 계획 신고 사항을 기상 악화, 천재지변, 항공기 접속 관계 등 불가피한 사유로 제한하여 지연·결항을 최소화
- 외국인 항공운송사업자의 운송 약관 비치 의무 및 항공교통 이용자 열람 협조 위반 시 과징금을 부과할 수 있도록 함
- 항공기 운항 시각(slot) 조정·배분 등에 관한 법적 근거를 마련하여 항공사의 안정적 운항 및 갈등 예방
- 항공운송사업자 외 항공기 사용 사업자, 항공기 정비업자, 항공레저 스포츠 사업자 등도 요금표 및 약관을 영업소 및 사업소에 비치하여 항공교통 이용자가 열람할 수 있도록 함

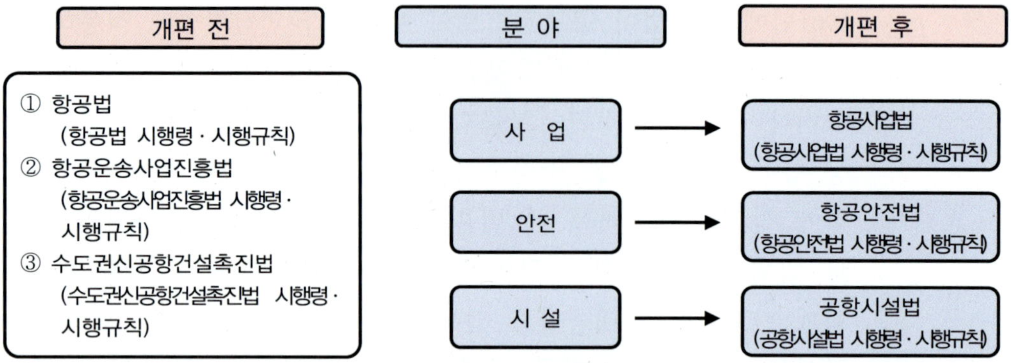

〈항공법 체계 개편〉

② 항공 안전 법령

항공기 등록/ 항공기 운항/ 항공기 종사자 자격 및 교육/ 안전성 인증 및 안전 관리/ 공역 및 항공교통업무 등을 규정하고 있으며, 주요 개편 내용은 다음과 같다.

- 국토부 장관 외의 사람도 항공교통 업무를 제공 할 수 있도록 하면서 항공교통의 안전 확보를 위해 항공교통 업무 증명 제도를 도입
- 항공기 제작자도 안전 관리 시스템을 구축하고, 설계 제작 시 나타나는 결함에 대해 국토부 장관에게 보고토록 함
- 무인 비행 장치 종류의 다변화에 따라 무인 회전익 비행 장치를 무인 헬리콥터와 무인 멀티콥터로 세분화하고, 조종자 자격 증명을 구분
- 항공기에 대한 정비 품질 제고를 위하여 최근 24개월 내 6개월 이상의 정비 경험을 가진 항공 정비사가 정비 확인 업무를 수행하도록 함

③ 공항 시설 법령

공항 및 비행장의 개발/ 공항 및 비행장의 관리 · 운영/ 항행 안전시설의 설치 · 관리 등에 관한 사항을 규정하고 있으며, 주요 개편 내용은 다음과 같다.

- 「항공법」 중 공항에 관한 내용과 「수도권신공항 건설촉진법」을 통합하여 「공항시설법」으로 제정 비행장 개발에 대해서는 국가에서 재원을 지원 할 수 있는 근거를 마련하고, 비행장의 경우에도 공항과 동일하게 관계 법률에 따른 인허가 등을 의제 처리함
- 한국공항공사 및 인천국제공항공사도 비행장을 개발할 수 있도록 공사의 사업 범위에 비행장 개발 사항을 포함
- 승인을 받지 아니하고 개발 사업을 시행하는 등 법령 위반자에 대하여 인허가 등의 취소, 공사 의 중지 명령 등 행정처분에 갈음하여 부과하는 과징금의 금액을 정함

3. 시카고협약과 국제민간항공기구

1) 시카고협약 및 부속서

시카고협약은 협약 본문과 부속서로 구성되어 있다. 협약의 기본 원칙은 협약 본문에서 규정하고, 과학기술의 발전과 실제 적용을 바탕으로 수시 개정될 수 있는 내용들은 협약 부속서에 규정하고 있다. 이는 1919년의 파리협약의 단점 및 1928년의 하바나 협약의 장점을 반영한 것으로 과학기술 발달 등으로 인한 기술적 사항의 수시 개정을 용이하게 하고 있다.

(1) 시카고협약

시카고협약은 1944.11.1.부터 12.7.까지 계속된 시카고회의 결과 채택되었으며, 국제 민간항공의 항공 안전 기준 수립과 질서 정연한 발전을 위해 적용하는 가장 근원이 되는 국제조약이다. 현재 본 협약은 협약 본문 이외에 부속서를 채택하여 적용하고 있으며 부속서는 총 19개 부속서가 있으며 각 부문별 SARPs를 포함하고 있다.

1944년 시카고회의 참석자들은 협약에 전후 민간 항공 업무를 전담할 상설 기구로서 국제민간항공기구(International Civil Aviation Organization;

ICAO)를 설치하는 데 아무런 이의가 없었다. 시카고협약은 ICAO의 설립 헌장일 뿐 아니라 추후 체약 당사국 간 국제 항공운송에 관한 다자 협약을 채택 할 법적 근거도 마련하여 주었다. 시카고협약은 국제 항공운송을 정기와 비정기로 엄격히 구분하여 비정기로 운항되는 국제 항공운송에 대해서는 타 체약당사국의 영공을 통과 또는 이·착륙하도록 특정한 권리를 부여하나(제5조), 정기 국제 민간항공에 대해서는 이를 허용하지 않고 있다(제6조). 국제 민간항공기의 통과 및 이·착륙의 권리를 상호 인정할 것인지에 대하여 회의 참석자들은 의견 대립을 보인 바, 회의는 동 권리를 인정하지 않는 내용으로 시카고협약을 채택한 다음, 통과 및 단순한 이·착륙의 권리는 '국제항공통과협정'에서, 승객 및 화물의 운송을 위한 이·착륙에 관한 권리는 '국제항공운송협정'에서 따로 규율하여 이를 원하는 국가들 사이에서만 서명·채택되도록 하였다. 2014년 1월 현재 130개국이 국제항공통과협정의 당사국으로 되어 있어 동 협정은 상당히 보편화되어 있지만 국제항공운송협정은 미국 등 8개국이 탈퇴한 후 11개국만이 당사국으로 되어 있어 보편적인 국제 협약으로서의 의미가 없고 그 결과 국제 항공운송에 대한 양자 협정은 지속적으로 필요할 수밖에 없다.

시카고협약은 4부(Parts), 22장(Chapters), 96조항(Articles)으로 구성되어 있으며 동 협약 부속서로 총 19개 부속서(Annex)를 채택하고 있다. 시카고협약에서 규정하고 있는 주요 내용은 다음과 같다.

(1) Part 1 Air Navigation(Article 1~42) '.Article 1. Territorial Sovereignty. 배타적 주권 인정

- Article 6. Scheduled Air Service 정기항공(국제 정기항공은 체약국 인가 필요 및 인가 조건 준수)
- Article 11. Applicability of air regulations. 항공법규 적용(협약 준수 조건하에 체약국 규정 준수)

- Article 12. Rules of the air. 항공규칙(해당 지역 비행 규칙 준수하고 체약국은 협약에 따른 개정된 규칙과 일치시킴)
- Article 16. Search of aircraft. 항공기의 검사 (불합리한 지연 없이 항공기 증명서 및 서류 점검)
- Article 18. Dual registration. 항공기 이중 등록 금지
- Article 26. Investigation of accident 사고 조사
- Article 28. Air navigation facilities and standard systems 항행 시설 및 시스템(항행 안전시설 설치 및 서비스 제공)
- Article 29. Documents carried in aircraft. 항공기 휴대 서류
- Article 30. Aircraft radio equipment. 항공기 무선 장비
- Article 31. Certificates of airworthiness. 감항 증명서(탑재 준수)
- Article 32. licenses of personnel. 항공 종사자 자격 증명(소지)
- Article 33. Recognition of Certificates. 증명서 승인(체약국 간 증명서 자격 증명의 승인)
- Article 34. Journey log books. 항공일지(항공일지 탑재 유지)
- Article 37. Adoption of international standards and procedures. 국제 표준 및 절차의 채택
- Article 38. Departures from international standards and procedures. 국제 표준 및 절차 의 적용 배제

(2) Part 2 The International Civil Aviation Organization (Article 43~66)

- Article 43. Name and composition. ICAO 명칭 및 구성(ICAO 설립 근거)
- Part 3 International Air Transport(Article 67~79)
- Article 68. Designation of route and airport. 항공로 및 공항의 지정
- Part 4 Final Provisions(Article 80~96)
- Article 82. Abrogation of inconsistent arrangements. 양립할 수 없는

협정 폐지

- Article 87. Penalty for non-conformity of airline. 항공사 위반에 대한 제재(운항 금지)
- Article 88. Penalty for non-conformity by State . 체약국 위반에 대한 제재(투표권 정지 등)
- Article 90. Adoption and amendment of Annexes. 부속서 채택 및 개정
- (Chapter 22 Definitions) Article 96. Air service, Airline 등을 정의함

(2) 시카고협약의 개정

시카고협약 제94조는 협약의 개정에 대하여 규정하고 있다. 협약 제94조(a)항에 따라 협약의 개정은 그 개정안을 비준한 국가에 한해서만 효력이 있으며 개정안을 비준하지 않은 국가에 대해서는 해당 개정안은 적용되지 않음을 명시하고 있다. 이 조항은 시카고협약 개정안의 경우 비준 여부에 따라 발효 국가가 달라질 수 있기 때문에 협약의 법적 적용 및 실질적인 적용상 혼란이 있을 수 있다.[34)]

제94조 협약의 개정

(a) 본 협약의 개정안은 총회의 3분의 2의 찬성투표에 의하여 승인되어야 하고, 또 총회가 정하는 수의 체약국이 비준한 때에 그 개정을 비준한 국가에 대하여 효력이 발생한다. 총회의 정하는 수는 체약국의 총수의 3분의 2의 미만이 되어서는 아니된다.

(b) 총회는 전항의 개정이 성질상 정당하다고 인정되는 경우에는, 채택을 권고하는 결의에 있어 개정의 효력 발생 후 소정의 기간내에 비준하지 아니하는 국가는 직시 기구의 구성원과 본협

---

34) 반면에 해양법에 관한 UN협약 제316조의 5항은 혼선의 여지를 사전에 방지한 선례로 평가된다. 해양법 제316조 5항 “영역 내 활동에 배타적으로 관련된 모든 개정, 그리고 부속서 6장과 관련된 모든 개정은 체약국 3/4의 비준을 받은 법률 문서의 보관 1년 후 전체 체약국에게 발효된다.” 지 아니하는 국가는 직시 기구의 구성원과 본협약의 당사국의 지위를 상실하게 된다는 것을 규정할 수 있다.

약의 당사국의 지위를 상실하게 된다는 것을 규정할 수 있다.

이와 관련하여 시카고협약의 주요 개정 현황은 다음과 같다.

① 제3조의 2(Article 3bis) 민간 항공기에 대한 무기 사용 금지 및 영공 주권 확인이 조항은 KAL007사고 이후 민간 항공기에 대한 무기 사용 금지를 보장토록 촉구하는 주장과 영공 침범을 방지토록 하자는 주장이 함께 반영된 것이다(1998.10.1. 발효).

② 제50조 이사국 수 변경이사국 수와 관련하여 ICAO 회원국이 급증하면서 체약국들의 입장을 대표할 수 있는 이사국의 증가 필요성이 제기되었고 그 결과 수차례 변경되었다. 협약 채택 시 최초 이사국 수는 21개국이었으나 현재는 36개국에 이르고 있다(2002.11.28. 발효).

③ 제83조의 2(Article 83bis) 항공기 운영국으로 기능 및 의무의 일정 부분 이양항공기의 임차, 전세, 교환 시 항공기의 등록국으로부터 항공기 운영국으로 기능 및 의무의 일정 부분을 이 양할 수 있다(1997.6.20. 발효). 제3조의 2(Article 3bis)

(a) 체약국은 모든 국가가 비행 중인 민간 항공기에 대하여 무기의 사용을 삼가야 하며, 또한 민간 항공기를 유도, 통제하는 경우에 탑승객의 생명과 항공기의 안전을 위태롭게 하여서는 아니 된다는 것을 인정한다. 이 규정은 어떠한 경우에도 국제연합헌장에 규정된 국가의 권리와 의무를 수정하는 것으로 해석되지 아니한다.

(b) 체약국은 모든 국가가 그 주권을 행사함에 있어서, 민간 항공기가 허가 없이 그 영토 상공을 비행하거나 또는 이 협약의 목적에 합치되지 아니하는 어떠한 의도로 사용되고 있다고 믿을 만한 합리적인 이유가 있는 경우, 동 민간 항공기에 대하여 지정된 공항에 착륙할 것을 요구하거나, 또는 그러한 위반을 종식시키기 위하여 동 민간 항공기에 대하여 기타 지시를

할 수 있음을 인정한다. 이러한 목적으로 체약국은 이 협약의 관계 규정, 특히 이 조의 (a)항을 포함한 국제법의 관계 규칙에 합치되는 모든 적절한 수단을 취할 수 있다. 각 체약국은 민간 항공기의 유도 통제에 관한 자국의 현행 규정을 공표할 것을 동의한다.

제83조의 2(Article 83bis) 일정한 권한 및 의무의 이양[35]

(a) 제12, 30, 31 및 32조(a)의 규정에도 불구하고, 체약국에 등록된 항공기가 항공기의 임차·대절 또는 상호 교환 또는 이와 유사한 조치를 위한 협정에 따라 주 영업지, 주 영업지가 없을 경우에는 상주지가 여타 체약국에 속해 있는 사용자에 의해 운용되고 있을 때는, 등록국은 여타 국가와의 협정에 의해 제12, 30, 31 및 32조(a)에 따라 등록국의 권한 및 의무의 전부 또는 일부를 이양할 수 있다. 등 록국은 이양된 권한 및 의무에 관하여 책임을 면제받는다.

(b) 상기 이양은 이양이 규정된 관련국 간의 협정 이 제83조에 따라 이사회에 등록되고 공표되거나, 협정의 존재나 범위가 협정 당사국에 의하여 여타 관련 체약국에 직접 통지되기 전에는 여타 체약국에 대하여 효력을 가지지 아니 한다.

(3) 시카고협약 부속서

시카고협약 부속서는 필요에 따라 제정되거나 개정될 수 있다. 현재 총 19개의 부속서가 있으며 부속서 19 Safety Management는 2013년부터 적용되고 있다.

시카고협약과 시카고협약 부속서의 관계 및 시카고협약 부속서 현황은 다음과 같다.

35) 1980.10.3. 제23차 총회에서 개정되었으며 1997.6.20. 발효됨.

[표 2-4] 시카고협약과 시카고협약 부속서 관계

구분	내용	비고
시카고 협약	• 제37조 국제표준 및 절차의 채택 – 각 체약국은, 항공기직원, 항공로 및 부속업무에 관한 규칙, 표준, 수속과 조직에 있어서의 실행 가능한 최고도의 통일성을 확보하는데에 협력 – ICAO는 국제표준 및 권고 방식과 절차를 수시 채택하고 개정 • 제38조 국제표준 및 수속의 배제	ICAO를 통해 국제표준, 권고방식 및 절차의 채택 및 배제
	• 제43조 본 협약에 의거해 ICAO를 조직 • 제54조 ICAO 이사회는 국제표준과 권고방식을 채택하여 협약 부속서로 하여 체약국에 통보 • 제90조 부속서의 채택 및 개정	시카고협약과 시카고협약 부속서 관계
시카고 협약 부속서	• 시카고협약 부속서 – ANNEX 1 Personnel Licensing – ANNEX 19 Safety Management	총 19개 부속서
	• 각 부속서 전문에 표준 및 권고방식(SARPS) 안내[36] – 표준(Standards): 필수적인(necessary)준수 기준으로 체약국에서 정한 기준이 부속서에서 정한 '표준'과 다를 경우, 협약 제38조에 의거해 체약국은 ICAO에 즉시 통보 – 권고 방식(Recommended Practices): 준수하는 것이 바람직한(desirable) 기준으로 체약국에서 정한 기준이 부속서에서 정한 '권고 방식'과 다를 경우, 체약국은 ICAO에 차이점을 통보할 것이 요청됨	시카고협약 부속서 전문에 SARPS에 따른 체약국의 준수 의무 사항 규정

36) 시카고협약 각 부속서 서문 Material comprising the Annex proper:Standards and Recommended Practices

[표 2-5] 시카고협약 부속서(Annexes to the Convention on International Civil Aviation)

부속서	영문명	국문명
Annex 1	Personnel Licensing	항공 종사자 자격증명
Annex 2	Rules of the Air	항공 규칙
Annex 3	Meteorological Service for International Air Navigation	항공기상
Annex 4	Aeronautical Charts	항공도
Annex 5	Units of Measurement to be Used in Air and Ground Operations	항공단위
Annex 6	Operation of Aircraft	항공기 운항
Parts Ⅰ	International Commercial Air Transport – aeroplanes	국제 상업 항공 운송 – 비행기
Parts Ⅱ	International General Aviation – aeroplanes	국제 일반 항공 – 비행기
Parts Ⅲ	International Operations – helicopters	국제 운항 – 헬기
Annex 7	Aircraft Nationality and Registration Marks	항공기 국적 및 등록 기호
Annex 8	Airworthiness of Aircraft	항공기 감항성
Annex 9	Facilitation	출입국 간소화
Annex 10	Aeronautical Telecommunications	항공통신
Vol Ⅰ	Radio Navigation Aids	무선항법 보조 시설
Vol Ⅱ	Communications Procedures including those with PANS status	통신 절차
Vol Ⅲ	Communication Systems	통신시스템
Vol Ⅳ	Surveillance Radar and Collision Avoidance Systems	감시레이더 및 충돌 방지 시스템
Vol Ⅴ	Aeronautical Radio Frequency Spectrum Utilization	항공무선 주파수 스펙트럼 이용
Annex 11	Air Traffic Services	항공교통 업무
Annex 12	Search and Rescue	수색 및 구조
Annex 13	Aircraft Accident and Incident Investigation	항공기 사고 조사
Annex 14	Aerodromes	비행장
Vol Ⅰ	Aerodrome design and operation	비행장 설계 및 운용
Vol Ⅱ	Heliports	헬기장
Annex 15	Aeronautical Information Services	항공 정보 업무
Annex 16	Environmental Protection	환경보호
Vol Ⅰ	Aircraft Noise	항공기 소음
Vol Ⅱ	Aircraft Engine Emissions	항공기 엔진 배출
Annex 17	Security	항공 보안
Annex 18	The Safe Transport of Dangerous Goods by Air	위험물 수송
Annex 19	Safety Management	안전관리

현실적으로 부속서가 갖는 가장 중요한 의미는 각부속서에서 국제 표준 또는 권고 방식으로 규정한 사항이 무엇이며 이에 대한 체약국의 준수 여부라]고 볼 수 있다. 총 19개 부속서 중 유일하게 부속서 2(Rules of the Air, 항공 규칙)의 본문은 권고 방식에 해당되는 내용은 없고 국제 표준(International Standards)으로만 규정되어 있다.

(4) 표준 및 권고 방식

ICAO는 제1차 총회(1947년) 시 내부적으로 사용할 목적으로 표준(Standard)과 권고 방식 (Recommended Practice)을 다음과 같이 정의하였으며,[37] 각 부속서 전문에 용어 정의를 명시하고 있으며 이를 통해 체약국의 의무를 강조하고 있다.

① 표준(Standard)

"Standard: Any specification for physical characteristics, configuration, materiel, performance, personnel or procedure, the uniform application of which is recognized as necessary for the safety or regularity of international air navigation and to which Contracting States will conform in accordance
with the Convention; in the event of impossibility of compliance, notification to the Council is compulsory under Article 38."

"표준(Standard)이란 국제 항공의 안전, 질서 또는 효율을 위하여 체약국이 준수해야 하는 성능, 절차 등에 대해 필수적인(necessary) 기준을 말한다. 체약국에서 정한 기준이 부속서에서 정한 '표준' 과 다른 경우, 협약 제38조에 의거 해당 체약국은 ICAO에 즉시 통보하여야 한다."

---

37) 제1차 총회 결의문 Al－31("Definition of 'International Standard' and 'Recommended Practice'"). 동 결의문은 약간의 수정을 가하여 제14차 총회 시부터 통합 결의문(consolidating resolution)으로 정기 총회 시마다 채택되어 오고 있음.
권고 방식(Recommended Practices) 적용 사례: Italics체 표기, Should 사용, Recommendation 표기

"권고 방식(Recommended Practices) 이란 국제 항공의 안전, 질서, 효율 등을 위하여 체약국이 준수하고자 노력해야 할 성능, 절차 등에 대한 바람직한 (desirable) 기준을 말한다. 체약국에서 정한 기준이 부속서에서 정한 '권고 방식'과 다를 경우, 체약국은 ICAO에 차이점을 통보할 것이 요청된다."

4.2.8.4 Recommendation.-For instrument approach and landing operations, aerodrome operating minima below 800m visibility should not be authorized unless RVR information is provided.

협약 제38조 및 각 부속서에서는 표준과 권고 방식에 대하여 각기 다른 의미를 부여하고 있다. 양자가 동일한 수준의 구속력을 가지는 것은 아니지만 일정한 조건하에서는 구속력이 있다. 국제 표준과 자국의 국내 규칙 사이에 차이가 있을 경우 체약국은 이를 즉각 ICAO에 통보할 의무를 가진다.

ICAO 표준의 개정 내용이 자국 규칙과 상이한 체약국은 자국 규칙을 ICAO 표준에 부합하도록 개정 하는 조치를 취하지 않는 경우 국제 표준 채택으로부터 60일 이내에 ICAO에 통보할 의무가 있다. 국제 표준과 자국의 규칙 사이의 차이점을 ICAO 이사회에 통보하지 않을 경우 국제 표준이 구속력 있게 적용된다. 또한, 동 차이점과 관련하여 부속서

15(Aeronautical Information Services)는 국내의 규정과 방식(practices)이 ICAO의 표준 및 권고 방식과 상이할 때 체약 당사국이 이를 항공 간행물로 발간할 의무를 부과하였다. 이와 같이 ICAO에서 국제 표준으로 설정한 기준이 있는 경우 체약국은 이를 필수적으로 준수하여야 하며, 불가피하게 체약국의 기준이 ICAO에서 정한 표준과 다른 경우에는 ICAO에 통보하여야 한다. 반면에 ICAO에서 규정한 권고 방식과 상이한 국내 규칙에 관하여는 ICAO에 통보할 의무는 협약에 규정되어 있지 않다. 권고 방식과

국내에서 실시하는 규칙과의 상이점을 통보하는 것이 협약상의 의무는 아니나 ICAO 총회와 이사회는 결의문을 통하여 표준과 권고 방식을 따르도록 권고하고 있어 이것이 불가할 경우에는 표준은 물론 권고 방식도 다른 국내 규칙상의 차이점을 ICAO에 통보할 것이 요청된다.

2) 국제민간항공기구

국제민간항공기구(ICAO)는 시카고협약에 의거해 국제 민간항공의 안전, 질서 유지와 발전을 위해, 또한 항공 기술, 시설 등의 합리적인 발전을 보장 및 증진하기 위해 설립되고 준입법, 사법, 행정 권한이 있는 UN 전문기구이다. ICAO는 ICAO 설립 취지에 맞게 '글로벌 민간항공 시스템의 지속적 성장 달성' 이라는 비전을 제시하고 있으며 이러한 비전 달성을 위해 ICAO의 미션 및 전략 목표도 이에 부합하는 내용들을 담고 있다. 그중에서 항공 안전은 가장 중요한 요소 중의 하나이다.

시카고협약 Part Ⅱ(제43조부터 제66조)는 ICAO의 설립·운영에 대한 전반적인 사항을 규율하는데, 여기에서 ICAO 총회, 이사회, 항행위원회, 인원, 재정, 기타 국제 문제를 규율하고 있으며 협약 제44조는 ICAO의 목적을 국제 공중 항행의 원칙과 기술을 발전시키며 국제 항공운송의 계획과 발달을 진작시킴으로써 다음과 같이 규정하고 있다.

- 전 세계에 걸쳐 국제 민간항공의 안전하고 질서 있는 성장을 보장하며
- 평화적 목적을 위한 비행기 디자인과 운항의 기술을 권장하며
- 국제 민간항공을 위한 항공로, 비행장, 항공 시설의 발달을 권장하며
- 안전하고, 정기적이며, 효율적임과 동시에 경제적인 항공운송을 위한 세계 모든 사람의 욕구를 충족하며
- 불합리한 경쟁에서 오는 경제적 낭비를 방지하며 .체약국의 권리가 완전히 존중되고 각 체약국이 국제 민간항공을 운항하는 공평한 기회를 갖도록 보장하며
- 체약국 간 차별을 피하며

- 국가 공중 항행에 있어서 비행의 안전을 증진하며
- 국제 민간항공 제반 분야의 발전을 일반적으로 증진한다.

시카고협약에 의거해 ICAO는 동 기구 내에 총회 (Assembly), 이사회(Council), 사무국(Secretariat)을 두고 있으며, 이사회의 산하 기관으로 항행위원회(Air Navigation Commission), 항공운송위원회(Air Transport Committee), 법률위원회(Legal Committee), 불법방해위원회(Committee on Unlawful Interference) 등이 설치되어 있다.

총회(Assembly)는 이사국 선출, 분담금, 예산 및 협약 승인 등을 결정하는 ICAO의 최고 의사 결정 기구이다. 체약국은 협약 제62조에 따른 분담금을 지불하지 않은 경우 등으로 인해 총회에서 투표권을 상실할 수 있는 것을 제외하고는 1국 1표의 동등한 투표권을 행사한다. 총회는 통상 3년마다 개최되지만 이사회나 체약국의 1/5 이상의 요청에 의하여 특별총회가 소집될 수 있다(제48조(a)).[38] 시카고협약은 ICAO의 최고 기관인 총회의 강제적 권한과 의무를 다음과 같이 규정하고 있다.

- 이사국 선출(제50~55조)
- 이사회의 보고서를 심의하고 적정한 조치를 취하며, 이사회가 제기하는 모든 문제에 관하여 결정(제49조(c))
- 자체 의사 규칙을 채택하며 필요시 보조 기구를 설치(제49조(d))
- 예산안 투표 및 협약 제12장(제61~63조) 규정 에 따른 ICAO의 재정 분담 결정(제49조(e)).
- ICAO의 지출을 심사하고 계정을 승인(제49조 (f))
- 이사회 또는 자체 보조 기구에 자체 심의 안건을 이송하고, 이사회에 기구의 임무 수행 권한을 위임(제49조(g),(h))
- 기타 유엔 기구와의 협정 체결권 등을 규정한 협약 제13장(제64~66조)의 규정을 이행

---

38) 특별 총회는 주로 시카고협약 개정을 위하여 개최되었는 바, 1983년 대한항공 007기가 소련 전투기에 의하여 격추된 후 민간 항공기 안전을 강화하는 내용으로 협약을 개정하기 위하여 1984년 소집된 제25차 ICAO 총회도 특별 총회임.

- 협약의 개정안 심의 및 체약국에 대한 동 권고(제94조)
- 이사회에 부여되지 않은 기구 관할 사항인 모든 문제(제49조(k))

(1) 국제민간항공기구 이사회

이사회(Council)는 3종류의 회원국을 대표하는 36개 이사국으로 구성된다. 3년마다 개최되는 정기총회 시마다 선출한다. 이사회의 주요 기능 및 이사국 종류의 구분 기준은 다음과 같다.

① 이사회의 주요 기능

㉠ 일반적 기능

- 총회에 연차 보고서 제출(제54조(a))
- 총회의 지시를 이행하고 협약에 규정된 권리· 의무를 수행(제54조(b))
- 체약국이 제기하는 협약에 관련한 모든 문제를 심의(제54조(n))

㉡ 국제 행정 및 사법 기능

- 여타 국제기구와 협정 등을 체결(제65조) .국제항공통과협정과 국제항공운송협정이 위임한 업무를 수행(제66조)
- 공항과 여타 항행 시설의 제공과 개선(제69~76조)
- 분쟁의 해결 및 협약 위반에 대한 제재(제84~88조)
- 협약의 위반 또는 이사회의 권고 사항이나 결정의 위반을 총회와 체약국에 보고(제54조(j)(k))

㉢ 입법 기능[39)]

- 항행의 안전, 질서 및 효율에 관련한 문제에 있어서의 '국제표준과 권고 방식'(SARPs)을 수록하는 협약의 부속서를 채택하고 개정(제54조 (l),(m))

---

39) 시카고협약 제12조는 ICAO 이사회가 공해상의 항행 규칙을 제정하도록 규정함으로써 ICAO 이사회에 명백한 입법권을 부여하였음.

㉣ 정보 교류 기능

- 항행과 국제 항공 운항의 발전에 필요한 정보를 취합하고 발간(제54조(i))
- 체약국의 국제 항공사에 관련한 운송 보고와 통계를 접수(제67조)
- 체약국이 당사자로 되어 있는 항공 관련 협정을 등록받고 발간(제81조, 83조)

㉤ 기구 내부 행정

- 협약 제12장과 제15조의 규정에 따른 재정을 관 리(제54조(f))
- 사무총장 등의 인선과 임무 부여(제54조(h), 58조)

㉥ 연구 · 검토

- 국제적 중요성을 갖는 항공운송과 항행에 관련 한 모든 부문에 대한 연구(제55조(c))
- 국제 항공운송의 기구와 활동에 영향을 주는 모 든 문제를 검토하고 이에 대한 계획을 총회에 보고(제55조(d))
- 체약국의 요청에 따라 국제 공중 항행의 발전에 지장을 줄 수 있는 모든 상황을 조사하고 이에 관하여 보고서를 제출(제55조(e))

② 이사국 종류

- PART I: States of chief importance in air transport(주요 항공운송국, 11개국)
- PART II: States which make the largest contribution to the provision of facilities for international civil air navigation(항공 시설 기여국 12개국)
- PART III: States ensuring geographic representation(Part I II 이외 지역 대표국 13개국)

4. 항공 부문 국제조약과 국내 항공법과의 관계

1) 시카고협약과 국내 항공법과의 관계

항공법은 국제적 성격이 강한 바, 항공 질서 확립을 목적으로 하는 국내 항공법에서도 국제법과의 관계를 명시하고 있다. 따라서 항공법규의 적용 및 해석에 있어, 해당 항공 법령 이외에 헌법, 국제조약 등에서 정한 기준을 고려해야 하는 것은 당연하다.

한편 유엔헌장 제103조는 어느 조약도 유엔헌장에 우선할 수 없다고 규정하였다. 따라서 유엔헌장과 조약, 그리고 우리 국내법 3자 간의 조약에 관련한 내용에 있어서는 유엔헌장이 먼저이고 조약과 국내법은 동등한 지위에 있는 것으로 해석된다. 또한, 헌법 제6조 제1항은 "헌법에 의하여 체결·공포된 조약과 일반적으로 승인된 국제법규는 국내법과 같은 효력을 가진다."라고 규정하고 있어 시카고협약상의 내용이 국내법과 동등한 지위에 있는 것으로 해석된다.

이와 관련하여 국제 항공법과 국내 항공법과의 관계 및 시카고협약을 인용한 국내 항공법규를 살펴보면 다음과 같다.

[표 2-6] 국제 항공법과 국내 항공법과의 관계

구분	내용
국제 항공법	• (UN 헌장) : 국제조약과 상충 시 헌장상의 의무가 우선함 • 국제민간항공협약 및 국제민간항공협약 부속서(국제표준 및 권고 방식) • 항공기 운항상 안전을 위해 체결된 형사법적 국제조약(1963 동경협약, 1970 헤이그협약, 1971 몬트리올협약 등) • 항공기 사고 시 승객의 사상과 화물의 피해에 대한 배상 등에 관한 국제조약(1929 바르샤바조약, 1999 몬트리올협약 등) • 항공기에 의한 지상 피해 시 배상에 관한 조약(1952 로마협약, 1978 몬트리올의정서)

국내 항공법	• 헌법 • 항공사업법/시행령/시행규칙 • 항공안전법/시행령/시행규칙 • 공항시설법/시행령/시행규칙 • 항공보안법/시행령/시행규칙 • 항공 · 철도 사고 조사에 관한 법률/시행령/시행규칙 • 상법(제6편 항공운송)/시행령 • 운항 기술 기준(FSR) 등
국제 및 국내항공법 관계	• (헌법) 승인된 국제법규는 국내법과 같은 효력을 가진다. • (항공안전법) 「국제민간항공조약」 및 같은 조약의 부속서에서 채택된 표준과 방식에 따라... • (항공보안법) 이 법에서 규정하는 사항 이외에는 다음 각 호의 국제협약에 따른다. – 「항공기 내에서 범한 범죄 및 기타 행위에 관한 협약」 – 「항공기의 불법납치 억제를 위한 협약」 – 「민간항공의 안전에 대한 불법적 행위의 억제를 위한 협약」 등 • (항공 · 철도 사고 조사에 관한 법률) • 「국제민간항공조약」에 의하여 대한민국이 관할권으로 하는 항공 사고 등에도 적용 • 이 법에서 규정하지 아니한 사항은 「국제민간항공조약」과 같은 조약의 부속서에서 채택된 표준과 방식에 따라 실시한다. • (상법 – 제6편 항공운송) : 국제 항공조약 중 사법 성격의 내용을 반영

[표 2-7] 시카고협약을 인용한 국내항공법규 내용

구분	내용	비고
항공 안전법	제1조(목적) 이 법은 「국제민간항공협약」 및 같은 협약의 부속서에서 채택된 표준과 권고되는 방식에 따라 항공기, 경량항공기 또는 초경량비행장치가 안전하게 항행하기 위한 방법을 정함으로써 생명과 재산을 보호하고, 항공기술 발전에 이바지함을 목적으로 한다.	항공안전법과 시카고협약 및 부속서 관계

공항 시설법	제35조(항공학적 검토위원회) ② 위원회에서 항공학적 검토에 관한 사항을 심의·의결하는 때에는 「국제민간항공조약」 및 같은 조약의 부속서(附屬書)에서 채택된 표준과 방식에 부합하도록 하여야 한다.	공항시설법과 시카고협약 관계
항공 보안법	제1조(목적) 이 법은 「국제민간항공협약」 등 국제협약에 따라 공항시설, 항행안전시설 및 항공기 내에서의 불법행위를 방지하고 민간항공의 보안을 확보하기 위한 기준·절차 및 의무사항 등을 규정함을 목적으로 한다.	항공보안법과 시카고협약 관계
항공· 철도 사고 조사에 관한 법률	제3조(적용범위 등) ① 이 법은 다음 .... 사고조사에 관하여 적용한다. 2. 대한민국 영역 밖에서 발생한 항공사고등으로서 「국제민간항공조약」에 의하여 대한민국을 관할권으로 하는 항공사고 등 ④ 항공사고등에 대한 조사와 관련하여 이 법에서 규정하지 아니한 사항은 「국제민간항공조약」과 같은 조약의 부속서(附屬書)에서 채택된 표준과 방식에 따라 실시한다.	항공·철도 사고 조사에 관한 법률과 시카고협약 관계

[표 2-8] 국내항공법규 현황

구분	시행령	시행규칙
항공안전법 항공사업법 공항시설법	동법시행령	동법시행규칙 (국토교통부령)
항공보안법	동법시행령	동법시행규칙 (국토교통부령)
항공·철도 사고 조사에 관한 법률	동법시행령	동법시행규칙 (국토교통부령)
공항 소음 방지 및 소음 대책 지역 지원에 관한 법률	동법시행령	동법시행규칙 (국토교통부령)
항공안전기술원법	동법시행령	
한국공항공사법	동법시행령	–
인천국제공항공사법	동법시행령	–

항공우주산업개발촉진법	동법시행령	동법시행규칙 (산업통상자원부령)
우주개발진흥법	동법시행령	동법시행규칙 (미래창조과학부령)
우주손해배상법	–	–
군용 항공기 운용 등에 관한 법률	동법시행령	동법시행규칙 (국방부령)
군용 항공기 비행 안전성 인증에 관한 법률	동법시행령	동법시행규칙 (국방부령)

[표 2-9] 항공안전법 주요 내용

구분	내용
제1장 총칙	항공안전법의 목적과 개념, 항공 용어의 정의, 군용항공기와 국가기관 항공기 등의 적용 특례, 임대차 항공기 운영, 항공안전정책 기본계획의 수립 등
제2장 항공기 등록	항공기 등록, 국직의 취득, 등록 기호표의 부착 및 항공기 국적 등의 표시
제3장 항공기기술기준 및 형식증명 등	항공기기술기준, 형식 증명, 제작 증명, 감항 증명 및 감항성 유지, 소음 기준 적합 증명, 수리·개조승인, 항공기 등의 검사 및 정비 등의 확인, 항공기 등에 발생한 고장, 결함 또는 기능장애 보고 의무
제4장 항공종사자 등	항공종사자 자격 증명 시험, 항공기 승무원 신체검사, 계기 비행 증명 및 조종 교육 증명, 항공 영어 구술능력 증명, 항공기의 조종 연습, 항공교통관제 연습, 전문교육기관의 지정 등
제5장 항공기의 운항	무선설비의 설치·운용 의무, 항공계기 등의 설치·탑재 및 운용 등, 항공기의 연료 및 등불, 운항승무원의 비행경험, 승무원 피로관리, 주류등의 섭취·사용 제한, 항공안전프로그램 , 항공안전 의무보고 및 자율보고, 기장의 권한 및 운항자격, 위험물 운송, 전자 기기의 사용 제한, 회항 시간 연장 운항의 승인, 수직 분리 축소 공역 등에서의 항공기 운항 승인, 항공기의 안전 운항을 위한 운항 기술 기준

제6장 공역 및 항공교통 업무 등	공역 등의 지정 및 관리, 항공교통 업무, 수색·구조 지원 계획의 수립·시행, 항공정보의 제공 등
제7장 항공운송사업자 등에 대한 안전관리	항공운송사업자, 항공기 사용 사업자 및 정비사업자에 대한 안전관리
제8장 외국항공기	외국 항공기 항행, 외국 항공기 국내 사용, 외국인 국제 항공운송사업
제9장 경량항공기	경량 항공기 안전성 인증, 경량 항공기 조종사 자격 증명, 경량 항공기 전문교육 기관의 지정 등
제10장 초경량비행장치	초경량 비행 장치 신고, 안전성 인증, 조종자 증명, 비행 승인 등
제11장 보칙	항공안전 활동, 항공운송사업자애 관한 안전도 정보의 공개, 보고의 의무, 재정 지원, 권한의 위임/위탁, 청문, 수수료
제12장 벌칙	항행 중 및 항공상 위험 발생 등의 죄 등의 벌칙과 양벌규정 및 과태료 등

2) 항공안전법

항공안전법은 1961년 제정된 「항공법」중 항공 안전에 관련된 부분을 2016년 분법한 것으로서, 항공기의 등록 ·안전성 인증, 항공종사자의 자격 증명, 그리고 국토교통부 장관 이외의 사람이 항공교통 업무를 제공하는 경우 항공교통 업무 증명을 받도록 하는 한편 항공운송사업자에게 운항 증명을 받도록 하는 등 항공 안전에 관한 내용으로 제정하였다.

국내 항공법의 기본으로서 총칙, 항공기 등록, 항공기 기술 기준 및 형식 증명, 항공종사자, 항공기의 운항, 공역 및 항공교통 업무, 항공운송사업자 등에 대한 안전 관리, 외국 항공기, 경량 항공기, 초경량 비행 장치, 보칙, 벌칙 등 12장으로 구성되어 있다.

항공안전법 제1조에서 이 법의 목적을 "「국제민간항공협약」 및 같은 협약의 부속서에서 채택된 표준과 권고되는 방식에 따라 항공기, 경량 항공기 또는 초경량 비행 장치가 안전하게 항행하기 위한 방법을 정함으로써 생명과 재산을 보호하고, 항공 기술 발전에 이바지함을 목적으로 한다."라고 규정하고 있듯이 이 법은 국제 항공법규 준수 성격이 강하여 국제 기준 변경 등 국제 환경 변화가 있을 때마다 이를 반영하기 위하여 개정 작업이 이루어지고 있다.

항공안전법의 장별 주요 내용은 다음과 같으며, 조종사 운항 자격 및 피로 관리와 같은 항공법에 근거를 두고 행하는 주요 사항에 대해서는 제2편 항공 정책 및 제도에서 항목별로 깊이 있게 다루었다.

(1) 총칙

「항공안전법」 제1장 총칙은 항공법의 목적, 항공 용어 정의, 국가 항공기 적용 특례, 항공정책기본계획의 수립 등을 명시하고 있으며, 시카고협약 등에서 정한 기준을 준거하여 규정하고 있다. 「항공안전법」에서 정한 주요 용어 정의는 다음과 같으며 특별히 제한하여 규정하지 않는 한 항공법규 전반에서 통일된 의미를 가진다.

- "항공기"란 공기의 반작용(지표면 또는 수면에 대한 공기의 반작용은 제외한다. 이하 같다)으로 뜰 수 있는 기기로서, 최대 이륙 중량, 좌석수 등 국토교통부령으로 정하는 기준에 해당하는 다음 각 목의 기기와 그 밖에 대통령령으로 정하는 기기를 말한다.
  가. 비행기
  나. 헬리콥터
  다. 비행선
  라. 활공기(滑空機)
- "경량 항공기"란 항공기 외에 공기의 반작용으로 뜰 수 있는 기기로서 최대 이륙 중량, 좌석 수 등 국토교통부령으로 정하는 기준에 해당하는 비행기, 헬리콥터, 자이로플레인(gyroplane) 및 동력 패러슈트(powered parachute) 등을 말한다.
- "초경량 비행 장치"란 항공기와 경량 항공기 외에 공기의 반작용으로

뜰 수 있는 장치로서 자체 중량, 좌석 수 등 국토교통부령으로 정하는 기준에 해당하는 동력 비행 장치, 행글라이더, 패러글라이더, 기구류 및 무인 비행 장치 등을 말한다.

- "국가기관 등 항공기"란 국가, 지방자치단체, 그 밖에 「공공 기관의 운영에 관한 법률」에 따른 공공 기관으로서 대통령령으로 정하는 공공 기관 (이하 "국가기관 등"이라 한다)이 소유하거나 임차(賃借)한 항공기로서, 다음 각 목의 어느 하나에 해당하는 업무를 수행하기 위하여 사용되는 항공기를 말한다. 다만, 군용 · 경찰용 · 세관용 항공기는 제외한다.

  가. 재난 · 재해 등으로 인한 수색(搜索) · 구조
  나. 산불의 진화 및 예방
  다. 응급 환자의 후송 등 구조 · 구급 활동
  라. 그 밖에 공공의 안녕과 질서 유지를 위하여

- 필요한 업무

  "항공 업무"란 다음 어느 하나에 해당하는 것을 말한다.

  가. 항공기의 운항(무선설비의 조작을 포함한다) 업무(제46조에 따른 항공기 조종 연습은 제외한다)
  나. 항공교통관제(무선설비의 조작을 포함한다) 업무(제47조에 따른 항공교통관제 연습은 제외한다)
  다. 항공기의 운항 관리 업무
  라. 정비 · 수리 · 개조(이하 "정비 등"이라 한다)된 항공기 · 발동기 · 프로펠러(이하 "항공기 등"이라 한다), 장비품 또는 부품에 대하여 안전하게 운용할 수 있는 성능(이하 "감항성"이라 한다)이 있는지를 확인하는 업무

- "항공기 사고"란 사람이 비행을 목적으로 항공기에 탑승하였을 때부터 탑승한 모든 사람이 항공기에서 내릴 때까지[사람이 탑승하지 아니하고 원격조종 등의 방법으로 비행하는 항공기(이하 "무인 항공기"라 한다)의 경우에는 비행을 목적으로 움직이는 순간부터 비행이 종

료되어 발동기가 정지되는 순간까지를 말한다] 항공기의 운항과 관련하여 발생한 다음 각 목의 어느 하나에 해당하는 것으로서 국토교통부령으로 정하는 것을 말한다.

가. 사람의 사망, 중상 또는 행방불명

나. 항공기의 파손 또는 구조적 손상

다. 항공기의 위치를 확인할 수 없거나 항공기에 접근이 불가능한 경우

- "경량 항공기 사고"란 비행을 목적으로 경량 항공기의 발동기가 시동되는 순간부터 비행이 종료되어 발동기가 정지되는 순간까지 발생한 다음 각 목의 어느 하나에 해당하는 것으로서 국토교통부령으로 정하는 것을 말한다.

  가. 경량 항공기에 의한 사람의 사망, 중상 또는 행방불명

  나. 경량 항공기의 추락, 충돌 또는 화재 발생

  다. 경량 항공기의 위치를 확인할 수 없거나 경량 항공기에 접근이 불가능한 경우

- "초경량 비행 장치 사고"란 초경량 비행 장치를 사용하여 비행을 목적으로 이륙[이수(離水)를 포함한다. 이하 같다]하는 순간부터 착륙[착수 (着水)를 포함한다. 이하 같다]하는 순간까지 발생한 다음 각 목의 어느 하나에 해당하는 것으로서 국토교통부령으로 정하는 것을 말한다.

  가. 초경량 비행 장치에 의한 사람의 사망, 중상 또는 행방불명

  나. 초경량 비행 장치의 추락, 충돌 또는 화재 발생

  다. 초경량 비행 장치의 위치를 확인할 수 없거나 초경량 비행 장치에 접근이 불가능한 경우

- "항공기 준사고"(航空機準事故)란 항공 안전에 중대한 위해를 끼쳐 항공기 사고로 이어질 수 있었던 것으로서 국토교통부령으로 정하는 것을 말한다.

- "항공 안전 장애"란 항공기 사고, 항공기 준사고 외에 항공기 운항 등과 관련하여 항공 안전에 영향을 미치거나 미칠 우려가 있었던 것

으로서 국토교통부령으로 정하는 것을 말한다.

- “비행정보구역”이란 항공기, 경량 항공기 또는 초경량 비행 장치의 안전하고 효율적인 비행과 수색 또는 구조에 필요한 정보를 제공하기 위한 공역(空域)으로서 「국제민간항공협약」 및 같은 협약 부속서에 따라 국토교통부장관이 그 명칭, 수직 및 수평 범위를 지정·공고한 공역을 말한다.
- “영공”(領空)이란 대한민국의 영토와 「영해 및 접속수역법」에 따른 내수 및 영해의 상공을 말 한다.
- “항공로”(航空路)란 국토교통부장관이 항공기, 경량 항공기 또는 초경량 비행 장치의 항행에 적합하다고 지정한 지구의 표면상에 표시한 공간의 길을 말한다.
- “모의 비행 장치”란 항공기의 조종실을 모방한 장치로서 기계·전기·전자장치 등에 대한 통제 기능과 비행의 성능 및 특성 등이 실제의 항공기와 동일하게 재현될 수 있게 고안된 장치를 말한다.
- “피로 위험 관리 시스템”이란 운항 승무원과 객실 승무원이 충분한 주의력이 있는 상태에서 해당 업무를 할 수 있도록 피로와 관련한 위험 요소를 경험과 과학적 원리 및 지식에 기초하여 지속적으로 감독하고 관리하는 시스템을 말한다.

(2) 항공기 등록

「항공안전법」 제2장 항공기 등록은 항공기의 등록 및 말소 관련 사항 등에 대하여 규정하고 있다. 항공기의 등록에 대해서는 시카고 협약 및 동 협약 부속서 등에서 정한 기준을 준거하여 규정하고 있다. 항공기의 항공운송사업에 항공기를 사용하기 위해서는 해당 항공기에 대하여 유효한 등록 증명서, 감항증명서, 소음 기준 적합 증명서 등이 있어야 한다.

항공기 등 관련 분류 체계는 항공기, 경량 항공기, 초경량 비행 장치로 항공기를 구분하고 있다.

우리나라는 항공 레저 스포츠의 활성화 및 이용자의 안전 확보를 위하여 경량 항공기 제도를 도입 (2009.09.09.)하였으며, 항공 레저 스포츠 및 경량항공기 서비스 및 제작 산업 활성화를 위하여 지속적으로 관련 법령 체계 보완을 추진하고 있다.

(3) 항공기 기술 기준 및 형식 증명 등

「항공안전법」 제3장에서는 항공기 기술 기준, 형식 증명, 제작 증명, 감항 증명 및 감항성 유지, 소음기준 적합 증명, 수리·개조 승인, 항공기 등의 검사 및 정비 등의 확인, 항공기 등에 발생한 고장, 결함 또는 기능장애 보고 의무 등에 대하여 규정하고 있으며, 시카고협약 및 동 협약 부속서 등에서 정한 기준을 준거하여 규정하고 있다.

(4) 항공종사자

「항공안전법」 제4장 항공종사자는 항공기의 안전 운항을 확보하기 위해 항공 업무에 종사하는 자에 대한 항공종사자의 자격 증명 종류 및 업무 범위, 자격 증명의 한정, 전문교육기관, 항공 신체검사증 명, 계기비행 증명, 항공 영어 구술 능력 증명 등에 대하여 규정하고 있으며. 시카고협약 및 동 협약 부속서 1에서 정한 기준을 준거하여 규정하고 있다.

항공종사자 전문교육기관 지정

「항공안전법」 제48조에 따라 국토교통부장관은 항 공종사자를 육성하기 위하여 국토교통부령으로 정하는 바에 따라 항공종사자 전문교육기관을 지정할 수 있으며, 전문교육기관 지정 업무 절차는 5단계 (① 전문교육기관 지정을 위한 사전 신청 ② 정식 신청 ③ 서류심사 ④ 현장 심사 ⑤ 지정서 교부)로 이루어진다.

"항공기 사고(Accident)"란 사람이 항공기에 비행을 목적으로 탑승한 때부터 탑승한 모든 사람이 항공기에서 내릴 때까지 항공기의 운항과 관련하여 발생한 사람의 사망·중상 또는 행방불명, 항공기의 중대한 손상·파손 또는 구조상의 고장 및 항공기에 접근 이 불가능한 경우를 말하고, "항공기 준사고(Serious Incident)"란 항공기 사고 외에 항공기 사고로 발전 할 수 있었던 것으로서 항공기 간 근접비행(다른 항공기와의 거리가 500피트 미만으로 근접) 등 항공법 시행규칙 별표 3에 명시된 사항을 말하며, "항공 안전 장애(Incident)"란 항공기 사고, 항공기 준사고 외 에 항공기 운항 및 항행 안전시설과 관련하여 항공 안전에 영향을 미치거나 미칠 우려가 있었던 것으로서 항공기와 관제 기관 간 양방향 무선통신이 두절된 경우 등 항공법 시행규칙 별표 6에 명시된 사항을 말한다. 항공기 사고(Accident)와 항공기 준사고 (Serious Incident)는 주로 해당 원인에 대한 결과가 사고로 발생했는지 여부에 따라 구분된다.

(5) 초경량 비행 장치

「항공안전법」 제10장 초경량 비행 장치에서는 초경량 비행 장치에 대한 신고, 안전성 인증, 조종자 증명, 전문교육기관의 지정 등에 대하여 규정하고 있다.

(6) 보칙

「항공안전법」 제11장 보칙은 항공종사자·항공운송사업자 등에 대한 항공 안전 활동, 항공운송사업자에 관한 안전도 정보의 공개, 권한의 위임·위탁, 청문 등에 대하여 규정하고 있다.

(7) 벌칙

「항공안전법」 제12장 벌칙은 각 장에서 규정하고 있는 법조문의 실효성을 확보하기 위해 각종의 벌칙을 규정하고 있으며 항행 중 항공기 위험 발생의 죄, 항행 중 항공기 위험 발생으로 인한 치사·치상의 죄, 미수범, 기장 등의 탑승자 권리행사방해죄, 기장의 항공기 이탈의 죄, 과실에 따른 항공상 위험 발생 등의 죄, 감항 증명을 받지 아니한 항공기 사용 등의 죄, 운항 증명 위반에 관한 죄, 주류 등의 섭취·사용 등의 죄, 항공교통 업무 증명 위반에 관한 죄, 무(無)표시 등의 죄, 승무원 등을 승무시키지 아니한 죄, 무자격자의 항공 업무 종사 등의 죄, 수직 분리 축소 공역 등에서 승인 없이 운항한 죄, 기장의 보고 의무 등의 위반에 관한 죄, 비행장 불법 사용 등의 죄, 항행 안전시설 무단 설치의 죄, 초경량 비행 장치 불법 사용 등의 죄, 경량 항공기 불법 사용 등의 죄, 항공운송사업자의 업무 등에 관한 죄, 항공 운송사업자의 운항 증명 등에 관한 죄, 외국인 국제 항공운송사업자의 업무 등에 관한 죄, 검사 거부 등의 죄, 양벌규정, 벌칙 적용의 특례, 과태료, 과태료의 부과·징수 절차 등을 규정하고 있다.

3) 항공사업법

「항공사업법」은 과거의 「항공법」 중에서 항공 사업 분야와 「항공운송사업진흥법」을 통합하여 제정되었으며, 총칙, 항공운송사업, 항공기 사용사업, 외국인 국제 항공운송사업, 항공교통 이용자 보호, 항공사업의 진흥, 보칙 및 벌칙 등 8개의 장으로 구성되어 있다.

4) 공항시설법

「공항시설법」은 과거 「항공법」의 공항 시설 분야와 「수도권신공항건설촉진법」을 통합하여 제정한 것으로서 총칙, 공항 및 비행장의 개발, 공항 및 비행장 의 관리·운영, 항행 안전시설, 보칙, 벌칙 등 6개의 장으로 구성되어 있다.

5) 항공보안법

민간항공 보안에 관한 동경협약, 헤이그협약, 몬트리올협약의 채택은 많은 나라가 항공기 보안 문제에 대한 경각심을 갖고 별도의 국내법을 제정하는 계기가 되었다. 우리나라도 1974.12.26. 법률 제2742호로 「항공기운항안전법」을 제정하였으나, 몬트리올협약상의 범죄가 누락되는 등 미흡한 점이 많았다. 「항공기운항안전법」은 2002.8.26. 전면 개정 되어 법률 6734호 「항공 안전 및 보안에 관한 법률」로 제정되었으나, 2013.4.5. 법률 제11753호로 이법의 제명을 다시 「항공보안법」으로 변경하고 항공보안에 관한 사항을 전반적으로 정비하였다. 이 법의 제명을 「항공보안법」으로 변경한 이유는 항공 안전에 관한 사항은 「항공법」에 총괄적으로 규정되어 있어 이 법에서 항공 안전에 관한 사항을 별도로 규정할 이유가 없기 때문이다.

이 법은 국제 민간항공 협약 및 1963년 항공기 내에서 범한 범죄 및 기타 행위에 관한 협약(동경협약), 1970년 항공기의 불법 납치 억제를 위한 협약 (헤이그협약), 1971년 민간항공의 안전에 대한 불법 적 행위의 억제를 위한 협약(몬트리올협약), 1988년 민간항공의 안전에 대한 불법적 행위의 억제를 위한 협약을 보충하는 국제 민간항공에 사용되는 공항에서의 불법적 폭력 행위의 억제를 위한 의정서, 1991년 플라스틱 폭약의 탐지를 위한 식별 조치에 관한 협약 등 항공 범죄 관련 국제 협약에서 정한 기준을 준거하여 규정하고 있다.

이 법은 총 8장(제1장 총칙, 제2장 항공보안협의회 등, 제3장 공항·항공기 등의 보안, 제4장 항공기 내의 보안, 제5장 항공 보안 장비 등, 제6장 항공 보안 위협에 대한 대응, 제7장 보칙, 제8장 벌칙)으로 구성되어 있다. 주요 내용으로는 항공보안협의회 구 성 및 운영 등에 관한 사항, 국가 항공 보안 계획의 수립에 관한 사항, 공항 운영자 등의 자체 보안 계획의 수립에 관한 사항, 공항 시설, 보호구역, 승객의 검색 등 보안에 관한 사항, 무기 등 위해 물품의 휴대 금지, 보안 장비, 교육 훈련 등에 관한 사항, 항공 보안을 위협하는 정보의 제공, 우발적 계획 수립, 항공 보안 감독, 항공 보안 자율 신고 등에 관한 사항, 항공기 이용 피해자 구제, 권한 위임 등에 관한 사항을 규정하고 있다.

항공 · 철도 사고 조사에 관한 법률 제2조(정의)

① 이 법에서 사용하는 용어의 뜻은 다음과 같다.

1. "항공사고"라 함은「항공안전법」제2조제6호에 따른 항공기사고, 같은 조 제7호에 따른 경량항공기사고 및 같은 조 제8호에 따른 초경량비행장치사고를 말한다.
2. "항공기준사고"라 함은「항공안전법」제2조 제9호에 따른 항공기 준사고를 말한다.
3. "항공사고 등"이라 함은 제1호의 규정에 의한 항공사고 및 제2호의 규정에 의한 항공기 준사고를 말한다.
7. "사고 조사"란 항공 사고 등 및 철도 사고(이하 "항공 · 철도 사고 등"이라 한다)와 관련된 정보 · 자료 등의 수집 · 분석 및 원인 규명과 항공 · 철도 안전에 관한 안전권고 등 항공 · 철도 사고 등의 예방을 목적으로 제4조의 규정에 의한 항공 · 철도사고조사위원회가 수행하는 과정 및 활동을 말한다.

② 이 법에서 사용하는 용어 외에는「항공사업법」·「항공안전법」·「공항시설법」및「철도안전법」에서 정하는 바에 따른다.

항공 · 철도 사고 조사에 관한 법률 제3조(적용 범위 등)

① 이 법은 다음 각 호의 어느 하나에 해당하는 항공 · 철도 사고 등에 대한 사고 조사에 관하여 적용한다.

1. 대한민국 영역 안에서 발생한 항공 · 철도 사고 등
2. 대한민국 영역 밖에서 발생한 항공 사고 등으로서「국제민간항공조약」에 의하여 대한민국을 관할권으로 하는 항공 사고 등

② 제1항의 규정에도 불구하고「항공안전법」제2조 제4호에 따른 국가기관 등 항공기에 대한 항공 사고 조사에 있어서는 다음 각 호의 어느 하나에 해당하는 경우 외에는 이 법을 적용하지 아니한다.

1. 사람이 사망 또는 행방불명된 경우
2. 국가기관 등 항공기의 수리 · 개조가 불가능하게 파손된 경우

3. 국가기관 등 항공기의 위치를 확인할 수 없거나 국가기관 등 항공기에 접근이 불가능한 경우

③ 제1항의 규정에도 불구하고「항공안전법」제3조의 규정에 의한 항공기의 항공 사고 조사에 있어서는 이 법을 적용하지 아니한다.

④ 항공 사고 등에 대한 조사와 관련하여 이 법에서 규정하지 아니한 사항은「국제민간항공조약」과 같은 조약의 부속서에서 채택된 표준과 방식에 따라 실시한다.

항공 사고 조사 대상이 되는 항공 사고 등은 항공 사고 및 항공기 준사고를 포함하고 있으며 구체적인 포함 항목은 다음과 같다.

항공기 사고(항공안전법 제2조 제6호)

"항공기 사고"란 사람이 비행을 목적으로 항공기에 탑승하였을 때부터 탑승한 모든 사람이 항공기에서 내릴 때까지[사람이 탑승하지 아니하고 원격조종등의 방법으로 비행하는 항공기(이하 "무인 항공기" 라 한다)의 경우에는 비행을 목적으로 움직이는 순간부터 비행이 종료되어 발동기가 정지되는 순간까지를 말한다] 항공기의 운항과 관련하여 발생한 다음 각 목의 어느 하나에 해당하는 것으로서 국토교통부령으로 정하는 것을 말한다.

가. 사람의 사망, 중상 또는 행방불명

나. 항공기의 파손 또는 구조적 손상

다. 항공기의 위치를 확인할 수 없거나 항공기에 접근이 불가능한 경우

초경량 비행 장치 사고

초경량 비행 장치의 비행과 관련하여 발생한 다음 각 목의 어느 하나에 해당하는 것을 말한다.

가. 초경량 비행 장치에 의한 사람의 사망·중상 또는 행방불명

나. 초경량 비행 장치의 추락·충돌 또는 화재 발생

다. 초경량 비행 장치의 위치를 확인할 수 없거나 초경량 비행 장치에 접근이 불가능한 경우

항공·철도사고조사위원회는 항공·철도 사고 조사에 관한 법률이 2006년 7월 9일 시행됨에 따라 2006년 7월 10일 항공사고조사위원회와 철도사고 조사위원회가 항공·철도 사고 조사위원회로 통합 출범하였다. 항공·철도 사고 등의 원인 규명과 예방을 위한 사고 조사를 독립적으로 수행하기 위하여 국토교통부에 본 위원회를 두고 있으며, 국토교통부 장관은 일반적인 행정 사항에 대하여는 위원회를 지휘·감독하되, 사고 조사에 대하여는 관여하지 못한다고 규정하고 있다(제4조). 다시 말하여 본 위원회의 설치 목적은 사고 원인을 명확하게 규명하여 향후 유사한 사고를 방지하는 데 있으며, 더 나아가서는 고귀한 인명과 재산을 보호함으로써 국민의 삶의 질을 향상시키는 데 있다.

국내 사고 조사 체계의 독립성

시카고협약 부속서 13에서 사고 조사 당국은 독립성을 가져야 함을 규정하고 있고[40), 「항공·철도 사고조사에 관한 법률」 제1조에서도 사고 등에 대한 독립적이고 공정한 조사를 통하여 사고 원인을 정확하게 규명함으로써 사고 등의 예방과 안전 확보를 목적으로 함을 명시하고 있다. 이와 같이 사고 조사 체계에 있어 가장 기본적인 개념은 독립성 및 사고 예방을 목적으로 한다는 것이다.

국가기관 등 항공기란 국가, 지방자치단체, 그 밖에 「공공기관의 운영에 관한 법률」에 따른 공공기관으로서 대통령령으로 정하는 공공기관이 소유하거나 임차(賃借)한 항공기로서 다음의 어느 하나에 해당하는 업무를 수행하기 위하여 사용되는 항공기를 말한다. 다만, 군용·경찰용·세관용 항공기는 제외한다.

가. 재난·재해 등으로 인한 수색·구조
나. 산불의 진화 및 예방
다. 응급환자의 후송 등 구조·구급활동
라. 그 밖에 공공의 안녕과 질서 유지를 위하여 필요한 업무

40) 시카고협약 부속서 13의 5.4.

6) 사고 조사

제3장 사고 조사에서는 항공 사고 등의 발생 통보, 사고 조사 및 사고 조사단 운영, 사고 조사 보고서 작성, 안전 권고 및 사고 조사에 관한 연구 등에 대하여 규정하고 있다.

"항공 사고 조사"란 항공 사고 등과 관련된 정보· 자료 등의 수집·분석 및 원인 규명과 항공 안전에 관한 안전 권고 등 항공 사고 등의 예방을 목적으로 항공사고조사위원회가 수행하는 과정 및 활동을 말한다. 항공 사고 조사의 경우 기본적으로 항공 사고가 발생한 영토가 속한 국가가 사고 조사의 권리와 의무를 갖는다. 항공 사고 발생국은 사고 조사 업무 의 전부 또는 일부를 항공기 등록국 또는 항공기 운용국에 위임할 수 있으며, 조약 체결국에게 기술적인 지원을 요청할 수 있다. 만약 항공 사고가 어느 국가의 영토도 아닌 곳에서 발생하면 항공기 등록국이 항공기 사고의 권리와 의무를 갖는다. 항공 사고가 발생 시 발생국은 항공 사고 발생을 국제민간항공기구 및 관련국에 통보하고 사고 조사를 실시한다. 한편 항공 사고 등이 발생한 것을 알게 된 항공기의 기장, 항공기의 소유자, 항공종사자 등은 지체 없이 그 사실을 위원회에 통보하여야 하며, 위원회는 지체 없이 사고 조사를 개시하여야 한다. 사고 조사 요건 관련 주요 내용은 다음과 같다.

항공·철도 사고 조사에 관한 법률 제17조 (항공·철도 사고 등의 발생 통보)

① 항공·철도 사고 등이 발생한 것을 알게 된 항공기의 기장, 「항공안전법」 제62조 제5항 단서에 따른 그 항공기의 소유자 등, 「철도안전법」 제61조 제1항에 따른 철도 운영자등, 항공·철도 종사자, 그 밖의 관계인(이하 "항공·철도 종사자 등"이라 한다)은 지체 없이 그 사실을 위원회에 통보하여야 한다. 다만, 「항공안전법」 제2조 제4호에 따른 국가기관 등 항공기의 경우에는 그와 관련된 항공 업무에 종사하는 사람은 소관 행정기관의 장에

게 보고하여야 하며, 그 보고를 받은 소관 행정기관의 장은 위원회에 통보하여야 한다.

② 제1항에 따른 항공 · 철도 종사자와 관계인의 범위, 통보에 포함되어야 할 사항, 통보 시기, 통보 방법 및 절차 등은 국토교통부령으로 정한다.

③ 위원회는 제1항에 따라 항공 · 철도 사고 등을 통보한 자의 의사에 반하여 해당 통보자의 신분을 공개하여서는 아니 된다.

항공 · 철도 사고 조사에 관한 법률 제18조(사고 조사의 개시 등)

위원회는 제17조 제1항에 따라 항공 · 철도 사고 등을 통보받거나 발생한 사실을 알게 된 때에는 지체 없이 사고 조사를 개시하여야 한다. 다만, 대한민국에서 발생한 외국 항공기의 항공 사고 등에 대한 원활한 사고 조사를 위하여 필요한 경우 해당 항공 기의 소속 국가 또는 지역 사고 조사기구(Regional Accident Investigation Organization)와의 합의나 협정에 따라 사고 조사를 그 국가 또는 지역 사고 조사기구에 위임할 수 있다.

항공 · 철도 사고 조사에 관한 법률 제20조 (항공 · 철도 사고 조사단의 구성 · 운영)

① 위원회는 사고 조사를 위하여 필요하다고 인정 되는 때에는 분야별 관계 전문가를 포함한 항공 · 철도 사고 조사단을 구성 · 운영할 수 있다.

(이하 생략)

항공 · 철도 사고 조사에 관한 법률 제25조(사고 조사 보고서의 작성 등)

① 위원회는 사고 조사를 종결한 때에는 다음 각 호의 사항이 포함된 사고 조사 보고서를 작성 하여야 한다.

1. 개요

2. 사실 정보
3. 원인 분석
4. 사고 조사 결과
5. 제26조의 규정에 의한 권고 및 건의 사항

항공 · 철도 사고 조사에 관한 법률 제26조(안전 권고 등)

① 위원회는 제29조 제2항에 따른 조사 및 연구 활동 결과, 필요하다고 인정되는 경우와 사고 조사 과정 중 또는 사고 조사 결과, 필요하다고 인정되는 경우에는 항공 · 철도 사고 등의 재발 방지를 위한 대책을 관계 기관의 장에게 안전 권고 또는 건의할 수 있다.

항공 · 철도 사고 조사에 관한 법률 제27조(사고 조사의 재개)

위원회는 사고 조사가 종결된 이후에 사고 조사 결과가 변경될 만한 중요한 증거가 발견된 경우에는 사고 조사를 다시 할 수 있다.

항공안전법 제34조(항공종사자 자격 증명 등)

① 항공 업무에 종사하려는 사람은 국토교통부령으로 정하는 바에 따라 국토교통부 장관으로부터 항공종사자 자격 증명(이하 "자격 증명"이라 한다)을 받아야 한다. 다만, 항공 업무 중 무인항공기의 운항 업무인 경우에는 그러하지 아니 하다.

② 다음 각 호의 어느 하나에 해당하는 사람은 자격 증명을 받을 수 없다.

1. 다음 각 목의 나이 미만인 사람
   가. 자가용 조종사 자격: 17세(제37조에 따라 자가용 조종사의 자격증명을 활공기에 한정하는 경우에는 16세)
   나. 사업용 조종사, 부조종사, 항공사, 항공기관사, 항공교통관제사 및 항공 정비사 자격: 18세
   다. 운송용 조종사 및 운항 관리사 자격: 21세

2. 제43조 제1항에 따른 자격 증명 취소 처분을 받고 그 취소일부터 2년이 지나지 아니한 사람(취소된 자격 증명을 다시 받는 경우에 한정한다)

항공안전법 제37조(자격 증명의 한정)

① 국토교통부 장관은 다음 각 호의 구분에 따라 자격 증명에 대한 한정을 할 수 있다.

1. 운송용 조종사, 사업용 조종사, 자가용 조종사, 부조종사 또는 항공기관사의 자격의 경우: 항공기의 종류·등급 또는 형식
2. 항공 정비사 자격의 경우: 항공기 종류 및 정비 분야

② 제1항에 따라 자격 증명의 한정을 받은 항공종사자는 그 한정된 항공기의 종류·등급 또는 형식 외의 항공기나 한정된 정비 분야 외의 항공 업무에 종사하여서는 아니 된다.

③ 제1항에 따른 자격 증명의 한정에 필요한 세부 사항은 국토교통부령으로 정한다.

항공안전법 제38조(시험의 실시 및 면제)

① 자격 증명을 받으려는 사람은 국토교통부령으로 정하는 바에 따라 항공 업무에 종사하는 데에 필요한 지식 및 능력에 관하여 국토교통부 장관이 실시하는 학과 시험 및 실기 시험에 합격하여야 한다.

② 국토교통부 장관은 제37조에 따라 자격 증명을 항공기의 종류·등급 또는 형식별로 한정(제44조에 따른 계기비행 증명 및 조종교육 증명을 포함한다)하는 경우에는 항공기 탑승 경력 및 정비 경력 등을 심사하여야 한다. 이 경우 항공기의 종류 및 등급에 대한 최초의 자격 증명의 한정은 실기 시험으로 심사할 수 있다.

③ 국토교통부 장관은 다음 각 호의 어느 하나에 해당하는 사람에게는 국토교통부령으로 정하는 바에 따라 제1항 및 제2항에 따

른 시험 및 심사의 전부 또는 일부를 면제할 수 있다.
1. 외국 정부로부터 자격 증명을 받은 사람
2. 제48조에 따른 전문교육기관의 교육 과정을 이수한 사람

항공기 용어 정의(항공안전법 제2조 제1호)

1. "항공기"란 공기의 반작용(지표면 또는 수면에 대한 공기의 반작용은 제외한다. 이하 같다)으로 뜰 수 있는 기기로서 최대 이륙 중량, 좌석 수 등 국토교통부령으로 정하는 기준에 해당하는 다음 각 목의 기기와 그 밖에 대통령령으로 정하는 기기를 말한다.
   가. 비행기
   나. 헬리콥터
   다. 비행선
   라. 활공기(滑空機)
2. "경량 항공기"란 항공기 외에 공기의 반작용으로 뜰 수 있는 기기로서 최대 이륙 중량, 좌석 수 등 국토교통부령으로 정하는 기준에 해당하는 비행기, 헬리콥터, 자이로플레인(gyroplane) 및 동력 패러슈트(powered parachute) 등을 말한다.
3. "초경량 비행 장치"란 항공기와 경량 항공기 외 에 공기의 반작용으로 뜰 수 있는 장치로서 자체 중량, 좌석 수 등 국토교통부령으로 정하는 기준에 해당하는 동력 비행 장치, 행글라이더, 패러글라이더, 기구류 및 무인 비행 장치 등을 말한다.

7) 항공운송사업 등

항공사업법은 항공 정책의 수립 및 항공 사업에 관하여 필요한 사항을 정하고 대한민국 항공 사업의 체계적인 성장과 경쟁력 강화 기반을 마련하는 한편, 항공 사업의 질서 유지 및 건전한 발전을 도모하고자 이용자의 편의를 향상시켜 국민경제의 발전과 공공복리의 증진에 이바지함을

목적으로 항공사업법을 제정하였다.

이와 관련하여 항공운송사업 등에 대한 용어 정의 및 사업 범위는 다음과 같다.

- "항공 사업"이란 이 법에 따라 국토교통부 장관의 면허, 허가 또는 인가를 받거나 국토교통부 장관에게 등록 또는 신고하여 경영하는 사업을 말한다.
- "항공운송사업"이란국내 항공운송사업, 국제 항공운송사업 및 소형 항공운송사업을 말한다.
- "소형 항공운송사업"이란 타인의 수요에 맞추어 항공기를 사용하여 유상으로 여객이나 화물을 운송하는 사업으로서 국내 항공운송사업 및 국제 항공운송사업 외의 항공운송사업을 말한다.
- "항공기 사용 사업"이란 항공운송사업 외의 사업으로서 타인의 수요에 맞추어 항공기를 사용하여 유상으로 농약 살포, 건설 자재 등의 운반, 사진 촬영 또는 항공기를 이용한 비행 훈련 등 국토교통부령으로 정하는 업무를 하는 사업을 말한다.
- "항공기 취급업"이란 타인의 수요에 맞추어 항공기에 대한 급유, 항공 화물 또는 수하물의 하역(荷役)과 그 밖에 국토교통부령으로 정하는 지상 조업(操業)을 하는 사업을 말한다.
- "항공기 정비업"이란 다른 사람의 수요에 맞추어 다음 각 목의 어느 하나에 해당하는 업무를 하는 사업을 말한다.가. 항공기, 발동기, 프로펠러, 장비품 또는 부품을 정비·수리 또는 개조하는 업무나.가목의 업무에 대한 기술 관리 및 품질 관리 등을 지원하는 업무
- "항공교통 사업자"란 공항 또는 항공기를 사용하여 여객 또는 화물의 운송과 관련된 유상 서비스(이하 "항공교통 서비스"라 한다)를 제공하는 공항 운영자 또는 항공운송사업자를 말한다.
- "항공 레저 스포츠 사업"이란 타인의 수요에 맞추어 유상으로 다음 각 목의 어느 하나에 해당 하는 서비스를 제공하는 사업을 말한다.
  가. 항공기(비행선과 활공기에 한한다), 경량항공기 또는 국토교통부

령으로 정하는 초경량 비행 장치를 사용하여 조종 교육, 체험 및 경관 조망을 목적으로 사람을 태워 비행하는 서비스

나. 다음 중 어느 하나를 항공 레저 스포츠를 위하여 대여해 주는 서비스

1) 활공기 등 국토교통부령으로 정하는 항공기
2) 경량 항공기
3) 초경량 비행 장치다. 경량 항공기 또는 초경량 비행 장치에 대한 정비, 수리 또는 개조 서비스

- "항공기 대여업"이란타인의 수요에 맞추어 유상으로 항공기, 경량 항공기 또는 초경량 비행 장치를 대여(貸與)하는 사업(제26호 나목의 사업은 제외한다)을 말한다.
- "초경량 비행 장치 사용 사업"이란 타인의 수요에 맞추어 국토교통부령으로 정하는 초경량 비행 장치를 사용하여 유상으로 농약 살포, 사진촬영 등 국토교통부령으로 정하는 업무를 하는 사업을 말한다.

8) 사업별 면허, 등록, 신고 요건

항공운송사업 등을 경영하기 위해서는 국토교통부 장관에게 면허 취득, 등록 또는 신고가 필요하다.

즉, 국내 항공운송사업 또는 국제 항공운송사업을 경영하려는 자는 국토교통부 장관의 면허를 받아야 한다. 반면에 소형 항공운송사업 및 항공기 사용 사업을 경영하려는 자는 국토교통부령으로 정하는 바 에 따라 등록하여야 한다. 다만, 국제 항공운송사업의 면허를 받은 경우에는 국내 항공운송사업의 면허를 받은 것으로 본다.

5. 항공 정비사 자격 증명

항공 정비사는 항공안전법 제2조(정의)에서 기술한 항공종사자의 범위에 포함되며 항공종사자는 항공안전법 제34조 제1항에 따른 항공종사자 자격 증명을 받은 사람을 말한다.

항공종사자 자격 증명은 1944년 시카고조약에서 각국의 의무 사항으로 개인의 기량과 지식수준을 평가하여 발행하도록 하면서 국제 표준의 기틀이 마련 되었으며 국제민간항공협회(ICAO)에서도 1949년 5월 부속서 1권(Annex 1)을 항공종사자 면허 업무에 관한 기준으로 규정하였다. 그동안 개정 내용의 특징을 살펴보면 1950년대에는 신체적 건강과 정신적 건강이 주요 이슈였고, 1960년대에는 항공종사자의 심리학 및 생리학 발전에 관한 규정의 개정이 있었으며, 1980년대에는 항공기 항법 장비의 개선과 항공기 기술의 전반적인 발전에 의해 기관사의 탑승이 필요 없는 상황에 따른 대대적인 개정과 동시에, 조종사의 인적 요인에 대한 연구가 지속적으로 진행되었다.

2000년대 들어서서는 인적 요인이 조종사뿐만 아니라 항공 정비사에게도 적용되는 개정이 이루어졌다. 최근의 항공종사자 자격 증명 제도는 교육 과정 분석을 통한 효과적인 항공종사자 양성과 인적 요인에 의한 사고 예방에 초점을 맞추고 있다.

항공종사자 자격 증명 제도는 개인의 기량과 지식 수준을 평가하여 해당 항공 업무를 수행할 수 있는 자격을 부여하는 제도로 세계 각국은 국제적인 기준을 바탕으로 자국의 실정에 알맞도록 자격 증명 제도를 운영하고 있다.

1) 자격 증명 신청

항공안전법 제34조에 따라서 항공 업무에 종사하려는 사람은 국토교통부령으로 정하는 바에 따라 국토교통부 장관으로부터 항공종사자 자격 증명을 받아야 한다. 항공 정비사는 국토교통부령으로 정하는 경미한 정비와 수리 개조를 제외한 정비 또는 개조 한 항공기에 대하여, 항공안전법 제32조에 따라서 항공기 등, 장비품 또는 부품에 대하여 국토교통부령으로 정하는 방법에 따라 감항성을 확인하는 권한을 가진다. 항공 정비사 자격 증명을 취득하기 위해 서는 2단계 시험을 실시한다. 1단계는 학과 시험이고 2단계는 학과 시험 합격자만 응시할 수 있는 실기 시험이다. 항공 정비사 자격 증명 신청은 응시하고자 하는 한정에 따라 분류되는데 한정은 항공기의 종류와 정비 업무 범위에 따라 구분된다.

(1) 응시 자격

항공 정비사 자격 증명을 취득하기 위한 응시 자격은 항공안전법 제34조에 따라 나이가 18세 이상이고, 항공안전법 제43조에 따른 자격 증명 취소 처분을 받은 경우 그 취소일로부터 2년이 지나야 가능하다. 이외에도 항공 정비사 자격 증명을 취득하기 위해서는 다음에 해당하는 경력을 보유하여야 한다.

- 항공기 종류 한정이 필요한 항공 정비사 자격 증명을 신청하는 경우에는 다음의 어느 하나에 해당하는 사람

① 4년 이상의 항공기 정비(자격 증명을 받으려는 항공기가 활공기인 경우에는 활공기의 정비와 개조) 실무 경력(자격 증명을 받으려는 항공기와 동급 이상의 것에 대한 6개월 이상 의 경력이 포함되어야 한다)이 있는 사람

② 「고등교육법」에 따른 대학·전문대학 또는 「학점 인정 등에 관한 법률」에 따라 학습하는 곳에서 항공 정비사 학과 시험의 범위를 포함하는 각 과목을 이수하고, 자격 증명을 받으려는 항공기와 동등한 수준 이상의 것에 대하여 교육 과정 이수 후의 정비 실무 경력이 6개월 이상이거나 교육 과정 이수 전의 정비 실무 경력이 1년 이상인 사람

③ 「고등교육법」에 따른 대학·전문대학을 졸업한 사람 또는 「학점 인정 등에 관한 법률」에 따른 학위를 취득한 사람으로서 6개월 이상의 항공기 정비 실무 경력이 있거나 항공 기술 요원을 양성하는 교육기관에서 필요한 교육을 이수한 사람

④ 국토교통부 장관이 지정한 전문교육기관에서 항공기 정비에 필요한 과정을 이수한 사람(외국의 전문교육기관으로서 그 외국 정부가 인정한 전문교육기관에서 항공기 정비에 필요한 과정을 이수한 사람을 포함한다)

⑤ 외국 정부가 발행한 항공기 종류 한정 자격 증명을 소지한 사람

정비 업무 범위 한정이 필요한 항공 정비사 자격증명을 신청하는 경우에는 다음 각 목의 어느 하나에 해당하는 사람

① 자격 증명을 받으려는 정비 업무 분야에서 4년 이상의 정비와 개조의 실무 경력이 있는 사람
② 자격 증명을 받으려는 정비 업무 분야에서 3년 이상의 정비와 개조의 실무 경력과 1년 이상의 검사 경력이 있는 사람
③ 고등교육법에 의한 전문대학 이상의 교육기관에서 항공 정비사 학과 시험의 범위를 포함하는 각 과목을 이수한 사람으로서 해당 정비 업무의 종류에 대한 1년 이상의 정비와 개조의 실무 경력이 있는 사람

- 자격 증명 한정 심사를 신청하는 경우에는 다음 각 목의 어느 하나에 해당하는 사람

① 항공기 종류 한정의 경우 항공 정비사 자격 증명 취득일부터 해당 항공기 종류에 대한 6개월 이상의 정비 경력이 있는 사람
② 정비 업무 범위 한정의 경우 항공 정비사 자격 증명 취득일부터 해당 정비 업무 범위에 대한 1년 이상의 정비와 개조의 실무 경력이 있는 사람

(2) 응시 절차

항공 정비사 자격 증명을 받으려는 사람은 항공안전법 제38조에 근거하여 국토교통부령으로 정하는바에 따라 항공 업무에 종사하는데 필요한 지식 및 능력에 관하여 국토교통부 장관이 실시하는 학과 시험 및 실기 시험에 합격하여야 한다.

국토교통부 장관은 항공안전법 제135조 5항에 따라 자격 증명 시험 심사 업무와 자격 증명서의 발급에 관한 업무를 교통안전공단에 위탁하여 운영하고 있어 실제 모든 항공종사자 자격 증명 시험은 교통 안전공단에서 실시하고 있다.

이에 따라 교통안전공단 이사장은 자격 증명 시험을 실시하려는 경우에는 매년 말까지 다음 연도의 자격 증명 시험의 학과 시험 및 실기 시험의 일정, 응시 자격, 응시 과목 등을 포함한 계획을 공고하여야 한다. 그러나 항공종사자 자격 증명 시험의 경우, 자격 증명 시험의 학과 시험 제도를 전용 전산망과 연결된 컴퓨터 방식인 상

시 원격 학과 시험 시스템을 도입하여 자격 증명 시험의 학과 시험 일정에 관한 다음 해 계획의 공고를 생략하고 있다.

항공정비사 자격 증명 시험에 응시하려는 사람은 항공종사자 자격 증명 시험(한정 심사) 응시 원서에 응시할 수 있는 경력과 면제받을 수 있는 자격 또는 경력 등이 있음을 증명하는 서류를 첨부하여 교통 안전안전공단의 이사장에게 온라인으로 제출하여야 한다. 다만, 경력이 있음을 증명하는 서류는 실기 시험 응시 원서 접수 시까지 제출할 수 있다.

항공안전법 시행규칙 제85조(과목 합격의 유효)에 따르면 항공종사자 자격 증명 시험 또는 한정 심사의 학과 시험의 일부 과목 또는 전 과목에 합격한 사람이 같은 종류의 항공기에 대하여 자격 증명 시험 또는 한정 심사에 응시하는 경우에는 합격 통보가 있는 날(전 과목을 합격한 경우에는 최종 과목의 합격 통보가 있는 날)부터 2년 이내에 실시(시험 또는 심사 접수 마감일 기준)하는 시험 또는 한정 심사에서 그 합격을 유효로 한다.

학과 시험에 합격한 사람은 이전의 학과 시험 응시 절차와 동일한 절차로 실기 시험을 위한 항공종사자 자격 증명 시험(한정 심사) 응시 원서를 교통안전안전공단의 이사장에게 제출하여야 한다. 이때 명시하여야 할 사항은 시험에 응시할 수 있는 경력이 있음을

증명하는 서류를 학과 시험 시 제출하지 않았다면 응시 자격에 필요한 경력 증명서를 첨부하여 심사를 먼저 실시하여야 한다. 실기 시험은 자격별 실무를 수행 할 수 있는 능력 유무를 판정할 수 있는 장비로 실시하며 실기 시험의 일부를 면제받는 응시자에게는 실기 시험 채점표에 의하여 구술로 실시할 수 있다.

6. 무인항공기

1) 개요

(1) 무인 항공기(無人航空機, 영어: Unmanned Aerial Vehicle, UAV), 무인 비

행기(무인기) 또는 드론(drone)은 조종사(human pilot)가 탑승하지 않은 항공기(비행기)이다. 지상에서 원격조종(Remote piloted), 사전 프로그램된 경로에 따라 자동 또는 반자동(Semi-auto-piloted)형식으로 자율비행하거나 인공지능을 탑재하여 자체 환경판단에 따라 임무를 수행하는 비행체와 지상통제장비(GCS: Ground Contro ol Station/System) 및 통신장비(데이터 링크) 지원장비(Support Equipments) 등의 전체 시스템을 통칭한다. 무선기를 조종하는 컨트롤러가 필요하지 않을 수 있다.

(2) 독립된 체계 또는 우주/지상체계들과 연동시켜 운용한다. 활용분야에 따라 다양한 장비(광학, 적외선, 레이더 센서 등)를 탑재하여 감시, 정찰, 정밀공격무기의 유도, 통신/정보중계 등의 임무를 수행하며, 폭약을 장전시켜 정밀무기 자체로도 개발되어 실용화되고 있어 향후 미래의 주요 군사력 수단으로 주목을 받고 있다. 최근 몇년간 빠른 성장이 이루어지고 있는 추세다. 2017년 6월 아마존은 드론 이착륙 센터에 대한 특허 출원을 하기도 했다.

미) 리퍼	미) 프래대터
성능 최고속도: 260 노트 (482 km/h, 300 mph) 순항속도: 150-170 노트 (276-313 km/h, 172-195 mph)[4] 항속거리: 3,200 nmi (5,926 km, 3,682 mi) 지속시간: 14-28 시간 (14 시간, 완전무장)	성능 최고 속도 : 222 km/h (120 노트)[6] 순항 속도 : 130 km/h ~ 167 km/h(70노트 ~ 90노트)[6] 실속 속도 : 100 km/h 최대 상승 고도 : 7,620m (RQ-1A, RQ-1B)

(3) 기준이 다르지만 최근의 정의는 다음과 같다. 대표적으로 미 국방장관실(OSD)이 발간한 UAV로드맵에서는 무인항공기를 다음과 같이 정의하고 있다.“조종사를 태우지 않고, 공기역학적 힘에 의해 부양하여 자율적으로 또는 원격조종으로 비행을 하며, 무기 또는 일반화물을 실을 수 있는 일회용 또는 재사용할 수 있는 동력 비행체를 말한다. 탄도비행체, 준탄도비행체, 순항미사일, 포, 발사체 등은 무인항공기로 간주되지 않는다.”이 정의에 따르면 무인기구, 무인비행선, 미사일 등은 무인항공기 범주에 포함되지 않는다. 그리고 미국연방항공국 FAA(Federal Aviation Administration)에서는 무인항공기를 “원격조종 또는 자율조종으로 시계밖 비행이 가능한 민간용 비행기로서 스포츠 또는 취미 목적으로 운용되지 않으며, 또한 승객이나 승무원을 운송하지 않는다.”라고 정의하고 있다. 이 정의에 따르면 취미로 날리는 무선조종 모형항공기(model aircraft)는 7 포함되지 않으며, 아직은 없지만 미래 구상 차원에서 거론되는 사람을 실어 나르는 무인운송용항공기도 무인항공기에 포함되지 않는다.

(4) 미국방장관실 정의에 따른 무인항공기의 시작은 1930년대 초 세계 1차 대전 중 영국이 사용한 Droned Fairy Queen이었다. 그때부터 무인항공기가 만들어졌으나 군사적 가치가 급상승하여 활발하게 연구한 시기는 90년대에 들어서면서였다. 무인항공기가 군사적 목적으로의 효용성을 확신시켜준 계기는 1991년 발생한 중동의 걸프전(Gulf War)이었다. 걸프전은 미국이 개발한 다양한 첨단 무기들의 시험장이기도 했는데, 걸프전 당시에 몇 대 안되는 무인항공기들의 활약이 두드러졌었기 때문이다. 최근 들어 세계 각국에서 무인항공기 개발이 이루어지고 있으며 특히, 미국과 이스라엘을 선두로 고성능의 무인항공기연구가 이루어졌다. 많은 군사전문가들이 무인체계가 미래전력의 핵으로의 부상을 예상한다. 이제 무인항공기 연구개발은 군사과학기술의 경연장이 되었다. 세계 각국은 앞 다투어 무인체계분야에서 스텔스, 무장, 전략·전술 감시, 항모/수직 이·착

륙, 초음속 등 다양한 기술을 선보이고 있다. 항공우주산업 분야에서 가장 빠른 성장세를 기록하고 있으며, 오늘보다 내일이 더 기대되는 분야이기도 하다.

(5) 군사용 목적으로 연구되기 시작된 무인기는 최근 들어 민간 분야로까지 적용이 점차 확대되고 있다. 정찰, 전자전, 기만, 공격, 전투, 표적 등 군사적 용도뿐만이 아니라 주로 감시용, 연구개발용, 촬영용, 범죄수사용, 물류용, 통신용 등에 이용되고 있다. 민간에 적용되는 항공기는 현재 공중에서 지상을 관찰하여 정보를 수집하고, 사람이 접근하지 못하는 곳에 접근하여 과학적인 데이터를 수집하고 있다. 그리고 촬영분야에서 활발히 사용되고 있으며,, 범죄수사에 사용되어 범인을 검거하는데 도움이 되고 있다. 또한, 그리고 물류사업에서 소형 드론으로 작은 택배를 신속하게 배달하는데 사용되고 있으며, 통신 신호를 매개해 주는 데에 이용되고 있다.

2) 역사

〈1917년 미국, 프페리 에어리얼 토페도〉

〈1930 영국, 퀸비〉

(1) 무인항공기의 용도

무인항공기는 군사적 용도로 시작되었다. 현재 정의하는 무인항공기에 가까운 형태는 제 2차 세계대전 직후 수명을 다한 낡은 유인항공기를 '공중 표적용 무인기'로 재활용하는 데에서 만들어졌다. 냉전시대에 들어서면서 무인항공기는 적 기지에 투입돼 정찰 및 정보 수집의 임무를 담당했고, 기술이 발달함에 따라 기체에 원격탐지장치, 위성제어장치 등 최첨단 장비를 갖춰 사람이 접근하기 힘든 곳이나 위험지역까지 그 영역을 확대하게 됐다. 나아가 공격용 무기를 장착해서 지상군 대신 적을 공격하는 공격기로 활용되기 시작했다. 최근에는 과학기술, 통신, 배송, 촬영 등 다양한 분야에 확대되어 사용되고 있다.

(2) 무인항공기의 전신

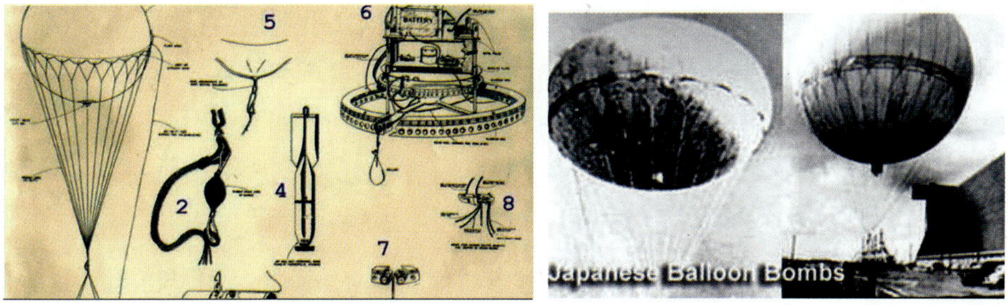

〈Bombing by Balloon〉

최초의 형태는 Bombing by Balloon으로 1849년 오스트리아에서 발명됐다. 열기구에 폭탄을 달아 떨어트리는 방식이었고 베니스와의 전투에서 실제로 사용했다. 미국에서도 이와 비슷한 기구가 있었는데, 남북전쟁 후 1863년에 뉴욕출신 찰스 파레이가 무인폭격기 특허를 등록한 Perley's Aerial Bomber라는 열기구이다. Perley's Aerial Bomber는 열기구로서 폭탄바구니를 실어 타이머에 맞춰 폭탄을 떨어트리도록 만들어졌다. 이후 1883년에 더글라스 아치볼드가 Eddy's Surveillance Kite를 개발하여 최초의 항공사진을 찍는데 성공했다.

3) 분류

가장 보편적인 무인항공기 분류기준이나, 아직까지 국제적인 중량기준은 없으며 국가마다 적용하는 중량기준 또한 상이하다. 어느정도 보편적인 방식은 군사적 용도에 따른 분류, 비행반경에 따른 분류, 비행고도에 따른 분류, 크기에 따른 분류, 비행.임무수행 방식별 분류, 이착륙방식별 분류가 있다.

(1) 군사적 용도에 따른 분류

- 전술 무인항공기 : 전술적 목적으로 사용하는 무인항공기로서, 순항거리 기준으로는 근거리 이하, 고도기준으로는 중고도 이하의 무인항공기가 이에 해당한다.
- 전략 무인항공기 : 전략적 목적으로 사용하는 무인항공기로서, 고(高)고도장기체공 능력이 요구된다.
- 특수임무 무인항공기 : 무인전투기, 공격용 무인항공기, 교란용 무인항공기 등이 있다.

(2) 반경에 따른 분류

- 근거리 무인항공기(CR:Close Range) : 약 50km 이내에서 활동할 수 있으며 사단급 이하 부대를 지원하는 선술 무인항공기이다.
- 단거리 무인항공기(SR:Short Range) : 약 200 km 이내에서 활동할 수 있으며 군단급 이하 부대를 지원하는 무인항공기이다.
- 중거리 무인항공기(MR:Medium Range) : 약 650 km 이내에서 활동할 수 있는 무인항공기이다.
- 장거리 체공형(LR:Long Range) : 약 3000 km 내외에서 활동할 수 있으며 전략정보지원임무를 수행한다.

(3) 크기에 따른 분류

- 마이크로형 무인기(MAV:Micro-Air Vehicle) : 크기는 15 Cm 이내 1인이 손으로 던져서 운용한다.
- 미니형 무인기 (Mini-UAV) : 1~2명이 휴대하면서 운용한다.
- 유기체형 무인기(OAV: Organic Aerial Vehicle) : 차량 1대에 장비 및 운용자가 탑재되어 이동하면서 운용한다.

- 소형 무인기 : SR급 이상의 무인기이다.
- 중형 무인기 : MALE급 이상의 무인기이다.
- 대형 무인기 : HALE급 이상의 무인기이다.

(4) 비행/임무수행 방식별 분류

- 원시정찰기 : 초기의 무인정찰기 형태로서 발사된 후부터는 인위적인 조종 없이 사전에 프로그램된 비행로를 따라 비행하며 장착된 카메라로 촬영한다. 비행이 끝난 후 녹화된 VCR 테입을 회수하여 정보를 얻는다.
- 공격기 : 현재에도 적 레이더 방공망 파괴에 많이 쓰이는 형태의 무인 공격기이다. 일정한 상공에서 비행을 하다가 적 레이더가 작동하면 레이더 신호를 따라가서 자폭한다.
- 정찰기 : 통제소 가시거리 내에서 원격조종하여 실시간에 표적정보를 수집하기 위한 무인항공기이다. 현재 거의 대부분의 무인항공기가 정찰기이다.
- 폭격기 : 통제형태는 정찰기와 같으나 탑재장비로 폭탄을 탑재하여 표적지역에 투하한다.
- 전투기 : 현재의 유인 전투기를 대신하기 위해 개발 된 전투무인항공기이다.
- 표적기 : 방공포나 전투기의 훈련을 위해 대표적으로 사용되는 무인항공기이다.
- 무인헬기 : RPV의 경우 이착륙을 위한 장소의 제약이 많았으나 수직 이착륙기의 경우 이러한 제한사항을 상당히 해소시킬 수 있다.
- 초소형 비행체 : 초소형 비행체로서 휴대용 정찰, 촬영, 물류의 수단으로서 활발히 개발되고 있다.

가장 대중적인 일반용 드론

MQ-9 리퍼, a hunter-killer surveillance UAV

멀티로터 UAV 제조업체 AltiGator의 민간 무인 비행기 OnyxStar Fox-C8 XT

다소 라팔 앞에서 패롯 AR.Drone

4) 용도

드론은 군사용을 넘어서 다양한 용도로 사용되고 있다. 측량조사, 영화촬영, 구조, 파이프라인 및 전선 점검, 야생관측, 격오지에 구호품 전달과 같은 용도로 드론은 널리 사용된다. 인간이 접근하기 힘든 곳에 약이나 약물 샘플 등을 전달할 수 있도록 해준다. 드론을 상업적 용도로 쓰기 위한 시도는 FAA의 규제로 인해 실패했다. 무인항공기의 민수용 사용의 효시는 사실상 일본 야마하모토의 농업용무인헬기라 할 수 있다. 또한, 2016년 가장 많은 농업방제용 드론의 활용은 세계 최대 업체인 중국 ZOOMLION의 ZLION방제용 드론으로서 약 3500대 이상이 방제 현장에서 사용되고 있으며, 이후 액제, 입제, 분제를 살포할 수 있는 당뇨도 무인멀티콥터가 개발되어 활용되고 있다. 세계 최대 상업용 드론 제조업체인 중국 DJI는 2015년 11월 27일에 농가에서 약제를 뿌리는 데 사용할 수 있는 농업용 드론 애그리 MG-1을 공개했다.

〈교육용 드론과 / 방제용 드론〉

5) 각국의 무인기 동향

(1) 미국

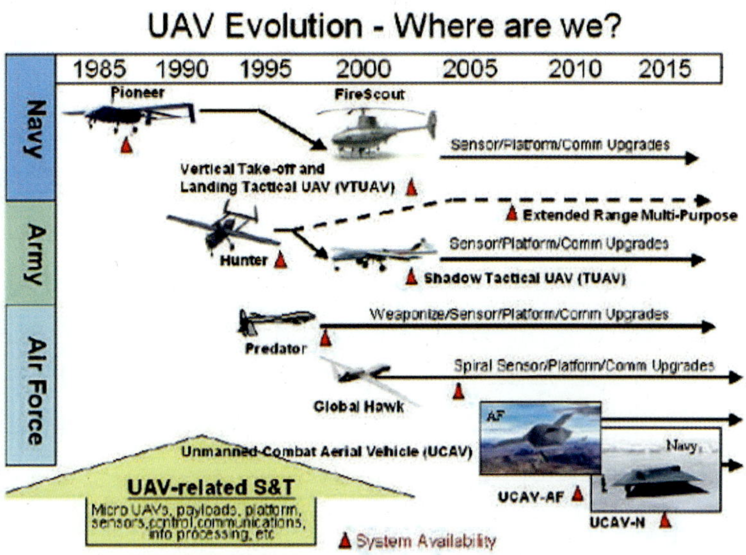

많은 전쟁을 치러본 경험에 비춰, 미국은 일찍부터 무인항공기의 군사적 실용성에 주목하였다. 현재 120여종 약 11,000여대의 UAV를 운영하고 있는 것으로 파악되는데, 당일 국가로는 운영 종류 및 수량 면에서 압도적이다. 따라서 수많은 무인항공기를 각각의 작전반경 및 탑재중량별로 세분화 하여 관리하기 위한 다양한 정책들이 수립되어 시행 되었다. 탑재중량과 작전범위에 따라 그룹별로 관리하는 방안이 그것이다. 또한 그룹별로 구분된 무인항공기를 능력별, 임무별, 제대별로 구분하여 관리하고 있다. 운영현황은 수량 면에서 많지 않지만, 작전적 측면에서 전구, 지원, 군단, 사단, 여단, 특수전단, 함대사 등에서 다양한 범위의 임무를 수행하고 있다. 또한 그룹별로 운용되는 무인항공기마다 장착되는 무장을 지정하여 운영함을 확인할 수 있다. 미국은 다양한 종류의 무인항공기 중 MQ모델과

RQ모델의 기종을 전략적으로 개발하고 있다. 이들은 주로 감시정찰, 전자전, 해상감시, 대잠수함 임무를 주로 담당하고 있다.[52] 최근에는 무인전투기(UCAV: Unmanned Combat Aerial Vehicle)개발이 가장 대두되는 이슈로 주목 받고 있다. UCAV 연구개발은 '90년대 후반 고고도급 무인항공기 개발완료 이후 중점 연구개발 대상으로 자리하였다. 최초에는 Boeing, Lockheed Martin, Northro Grumman 등 여러 기업이 미 해군과 미 공군을 중심으로 참여하였다가 '07년 이후부터는 미 해군 중심으로 재편되어 Northrop Grumman를 주계약자(부계약자: Lockheed Martin)로 하여, 기술시범(ACTD) 형태로 사업이 진행 중이다. 당시 계약금액이 원화 약 7,000억 원에 해당하는 것으로 알려져 있으며, 양산 시 UCAV 대당 목표가격이 약 275억~385억 원 사이가 될 것으로 예측된다. 현재 개발 중인 프로그램(UCAS-N)이 성공할 경우에는 '20년까지 항모 1척당 4~12대의 UCAV를 배치하여 전체 규모 120∼150대에 이르는 UCAV 편대를 구축할 것으로 기대를 모은다. 장차 무인전투기로까지 임무 확장이 예상됨에 따라 미국의 무인항공기 관련 연구개발 동향은 국가 간 군사과학기술의 경연장이 될 것이다. 미국은 무인체계 중장기 발전로드맵을 구축하여 상호운용성, 자율비행, 공역관리, 통신기술, 훈련기술, 엔진 · 전력기술, 유 · 무인통합운영기술 등 영역별로 현황 및 실태를 분석하여 향후 어떤 방향으로 발전해 나아가야 할지 분명한 목표를 설정해두고 있다. 이는 미 국방부가 설정하고 있는 목표를 달성하기 위해 각 분야별로 확보가 필요한 기술이 무엇이며, 어떤 방향으로 나아가야 할 것인지를 체계적으로 준비하고 있다는 뜻이다.

(2) 이스라엘

방위산업을 국가의 전략 육성 산업으로 인식하고 있는 이스라엘의 경우 비용대효과가 우수한 무인기 개발에 총력을 기울이고 있다. 수출주도형방산 육성전략의 일환으로 국경을 넘나들며 무인항공기 연구개발 프로젝트를 진행하고 있어 무인항공기 시장의 Best-seller와 Steady-seller를 꾸준히 양산하고 있다. 세계무대를 전장으로 인식하고 있는 미국은 다소 특수한 사례로 볼 수 있는 반면, 이스라엘과 같은 중소 규모의 국가는 비교적 한정된 지역을 대상으로 한 전술감시 및 유사시 소규모 공격이 가 능한 체계개발에 주력하였다. 따라서 소형의 국소표적공격용 체계 및 운영개념이 집중적으로 개발되어 있다.즉, 고고도급(HALE: High Altitude Long Endurance) 보다는 중고도(MALE: Medium Altitude LongEndurance) 이하급에서의 체계개발 관련 기술이 두드러진다. MALE급 이하의 다종화 · 최적화를 통하여 전술감시 능력을 극대화하였고, 보다 저렴한 가격으로도 구매국의 임무요구능력(ROC)을 충족함으로써, 미 · 영 · 독 · 불 등 자체 보유 기술수준이 우수한 국가는 물론, 한국을 비롯하여 이스라엘 적국이 아닌 러시아, 중국 등 대부분의 국가에서 활용중이다. 최초 개발단계부터 수출을 염두에 두고 체계개발에 착수하기 때문에, 이스라엘의 무인항공기는 그 운영개념에 있어서도 경제성이 핵심이다. 즉응타격용으로도 활용이 가능한 저렴한 Expendable UAV, Hand-launch UAV 등을 군사적으로 실용화함으로써 미국이 집중하지 않는 분야에서의 두드러진 우위를 차지하고 있다. 전 세계적으로 그 실용성과 경제성이 입증된 Scout, Pioneer, Hunter, Searcher, Heron, Harpy, Hermes, Skylark, Skylite 등의 무인기는 이스라엘의 기술을 기반으로 제작, 운영되고 있다. 같은 성능을 발휘하면서도, 체계 규모와 비용을 개선해감으로써 전 세계시장에서 그 가치를 인정받고 있다. 또한, 국경이 없는 국제공동연구개발 프로젝트를 동시에 추진함으로써 사실상 독자적인 이스라엘 무인항공기 시장의 한 영역을 개척한 것으로도 평가받고 있다. Pioneer(미국 AAI), Hunter(미국 TRW), Ranger(스위스 RUGA Aerospace) 등은 애초에 기술 수출을 염두에 두고 도입을 요구한 국가들과 합작으로 사업을 추진한 이스라엘의 연구개발 목표를 잘 보여주는 것으로 판단된다.

(3) 유럽

〈영국의 스텔스 무인기 '타라니스'〉

〈독일의 무인드론전투기 '바라쿠다'〉

유럽 각국은 저마다의 전략으로 무인항공기체계를 연구개발 중이다. 먼저, 스웨덴의 경우를 살펴보면, 비겐, 그리펜 전투기 등으로 유명한 스웨덴회사 SAAB는 기술연구용 축소시험기로 SHARC와 FILUR를 제작하여 '04년 8월 자동제어 비행에 성공하였다. 이 중 SHARC는 非스텔스기로 개발 중이고, FILUR는 스텔스기를 목표로 개발중이다. 스텔스 성능 여부에 따라 꼬리날개와 동체 공기흡입구 설계 등을 달리하였지만, 같은 기종의 엔진을 탑재하고, 자율항법 및 비행능력을 동일한 수준으로 개발하는 것을 목표로 하는 이른바, 모듈화 전략을 적용한 것이다. 그리고 공동의 플랫폼에 기반한 UAV관련 기술을 통해, 작전고도에 따라서는 HALE과 MALE급을, 임무에 따라서는 UCAV(Unmanned Combat Aerial Vehicle; 무인전투기), TUAV(Tactical Unmanned Aerial Vehicle; 전술무인항공기), URAV(Unmanned Reconnaissance Aerial Vehicle; 무인정찰기) 등 관련 기술을 통합·연계하여 개발을 추진함으로써 비용의 효율성을 제고하고자 노력한다. 스웨덴은 엔진이나 동체 관련 기술은 물론, 지상통제장비, 자율항법, 전력관리, 충돌회피, 데이터링크, 스텔스, 무기탑재 등 다양한 기술을 통합하여 축적하고 있다.

프랑스의 경우 자국 안보 목적 외에도 정치적·경제적 특수성을 고려한 UAV 연구개발 사업을 진행 중에 있다. 프랑스를 중심으로 이탈리아, 그리스, 스위스, 스페인, 스웨덴 등 6개국이 공동으로 참가하는 NEURON 연구개발 사업을 추진 중에 있다. 마하 0.8의 속도에 스텔스 기능, 250kg 이상의 레이저유도무기체계를 장착할 수 있도록 하는 플랫폼을 개발하는 것으로 약 5,000억 원 규모의 프로그램이다. 다수의 유럽 국가나 업체들이 컨소시엄을 구성하여 참가하는 방식이 아닌, 단일 국가의 정부기관(프랑스)에서 책임지고 산업체와 프로그램 컨트롤을 리드하도록 되어 있다. 참여 국가들 역시 이러한 점이 효율적이라는데 동의한 것으로 판단된다.[59] 2014년까지 프랑스에서의 개발시험을 거쳐, 스웨덴에서 운영시험을 실시하고, 이탈리아에서 스텔스와 실사격 시험 등을 수행할 것으로 계획되어 있다. 실전배치는 2030년 쯤에 가능할 것으로 기대된다.

독일과 스페인은 공동으로 Barracuda를 개발하고 있다. 각국 소속 업체인 EADS 합작으로 추진 중이며, 제한적 수준의 스텔스 성능을 구현하고, 재밍이 불가능하도록 설계한 것이 특징이다.

영국은 B-2 폭격기와 유사한 축소시험기로 Raven을 제작하였으며, 2015~20년 사이 UCAV 실용화를 예상하고 있다. 한편, BAE systems의 Taranis는 현재까지 알려진 가장 큰 무인항공기로 정밀유도 폭탄 탑재 능력을 보유하고 대륙 간 횡단 비행도가능하게 제작할 것으로 전해진다.

(4) 중국

▲중국무인기 윙룽

〈중국 무인기 이룽-2〉

중국의 무인항공기 산업을 살펴보면, 무인항공기를 둘러싼 주요국들의 움직임이 일목요연하게 정리된다. 먼저, 중국판 Predator로 알려진 Yilong(翼龍)은 '13년 파리 에어쇼를 통하여 세상에 모습을 드러내었다. 당시 BA-7 공대공 미사일, YZ-212 레이저유도폭탄, YZ-102 대인폭탄, 50kg 소형 유도폭탄과 함께 전시되어 무인공격기로서의 성능도 함께 과시하였다. 또한, 중국판 Global Hawk인 Xialong(翔龍)은 고도 57,000 feet에 달하고, 항속거리 약 7,500km까지 가능한 것으로 알려져 있다. 2013년 1월 시험비행에 성공하여 운항속도 750km로 최장 10시간 동안 비행하며 한국과 일본은 물론, 미국령 괌까지 정찰할 수 있는 능력을 보유한 것으로 파악되고 있다. 또, 주목해야 할 기종은 X-47B라 일컫는 Lijien(利劍)이다. Lijien(利劍)은 2012년 12월 최종조립하였고, 2013년 5월 육상활주시험 이후 이제 본격적 시험비행에 임박한 것으로 보인다. 성공 시 미국과 프랑스에 이어 세계 세 번째로 스텔스 기능을 가진 자체제작 무인공격기를 확보한 나라가 될 수도 있는 것이다.

(5) 한국

국내의 무인항공기는 1990년대 국방과학연구소에서 개발에 착수해 2004년부터 군에서 운용하고 있는 정찰용 '송골매'와 날개폭이 25미터에 이르는 대형 중고도 무인기 및 틸트로터 방식의 600마력급 스마트 무인기, 그리고 대한항공의 근접감시용 무인항공기 등이 있다.

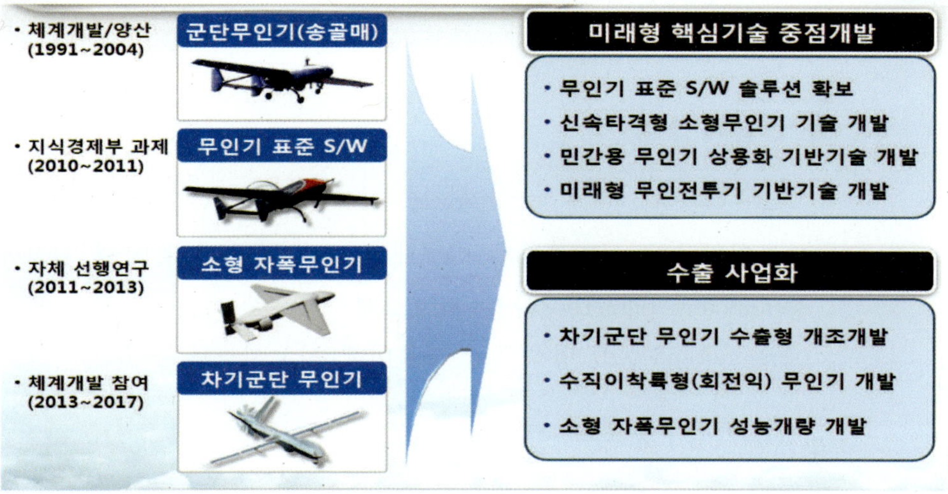

송골매는 군단급 무인정찰기로 1991년도 국방과학연구소, 성우엔지니어링, 대우중공업 항공사업부 등이 공동개발에 착수하여 2000년도에 개발이 완료되었다. 포병부대의 정보수집을 주 임무로 하는 이 기종의 특징으로는 원거리 실시간 표적 영상정보를 주야간으로 획득이 가능하며, 발사대 이륙 및 파라포일 자동착륙이 가능하다. 그리고 사전프로그램으로 자동비행하게 되는 시스템이 탑재되어 있다. 그리고 한국항공우주연구원과 유콘시스템 등이 참가하여 개발중인 스마트 무인항공기는 2002년부터 개발하기 시작하여 개발중이다. 주요 특징은 수직 이착륙과 고속비행이 가능한 틸트로터형 항공기 개념으로 500 km/h의 고속자율비행이 가능하다. 그리고 다른 항공기와 장애물을 스스로 피할 수 있도록 시스템이 탑재되어 있다. 마지막으로 대한항공 무인항공기는 2004년 개발에 착수하여 2007년 공개비행에 성공했다. 이 기종은 주한미군의 미 보병 2사단이 사용하는 RQ-7 섀도우를 국산화한 것이다. 주요 특징으로 반경 40 km 이상을 2.5시간 동안 실시간으로 감시 정찰할 수 있으며, 줌 카메라가 장착돼 임무지역 영상을 지상통제소에서 실시간으로 관찰 및 저장이 가능하다.[56]

7. 무인멀티콥터

1) 시스템

무인항공기는 조종사가 비행체에 직접 탑승하지 않고 지상에서 원격조종(remotely piloted), 사전 프로그램 경로를 자동(auto - piloted), 반자동(semi-auto-piloted) 방식으로 자율비행하는 시스템

(1) 핵심구성요소

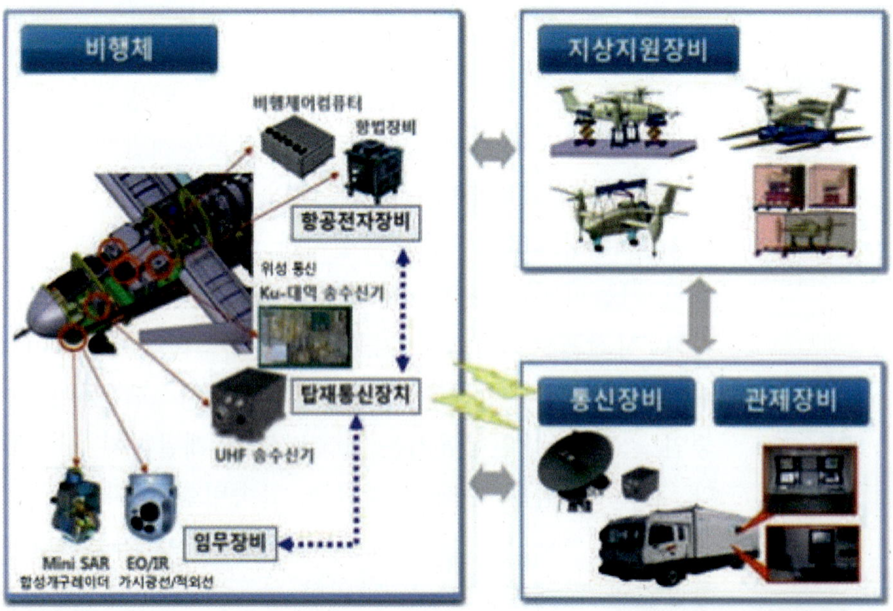

무인항공기 시스템은 일반적으로 다음과 같은 핵심 구성 요소로 이루어진다.

- 비행체 요소 : 무인항공기의 기체(platform)를 말하며 기체에 실리는 추진 장치, 연료 장치, 전기 장치, 항법 전자 장치, 전기 장치 및 통신 장비 등을 포함한다.
- 지상 통제 장치 요소 : 임무 계획 수립과 비행체 및 임무 탑재체의 조종 명령, 통제 그리고 영상 및 데이터의 수신 등 무인항공기 운용을 위한 주 통제 장치를 말한다.
- 임무 탑재체 요소 : 카메라, 합성구경 레이더(SAR), 통신 중계기, 무장 등의 임무 수행을 위해 비행체에 탑재되는 임무 장비를 말한다.
- 데이터 링크 요소 : 비행체 상태의 정보, 비행체의 조종 통제, 임무 탑재체가 획득하거나 수행한 정보 등의 전달에 요구되는 비행체와 지상간의 무선 통신 요소를 말한다.
- 이착륙 장치 요소 : 무인항공기가 지상으로부터 발사 및 이륙하고 착륙 및 회수하는 데 필요한 장치를 말한다.
- 지상 지원 요소 : 무인항공기 시스템의 운용과 유지를 위해 소요되는 일련의 지상 지원 설비 및 인력 등을 총칭하는 말이며 무인항공기의 효율적인 운용에 필요한 분석, 정비, 교육 장비 시스템을 포함한다.

2) 구조 및 구성

(1) 구조

멀티콥터는 2개 이상의 모터축/ 프로펠러로 구성되어 있는데, 가장 기본이 되는 것이 쿼드콥터이다. 이 2개의 프로펠러는 대각선으로 짝을 지어 서로 다른 방향(시계 / 반시계)으로 돌아 양력을 만들어 비행할 수 있으며, 공중에서 정지할 수도 있다. 각 축의 모터 프로펠러의 기계적인 힘인 RPM을 조절함으로써, 전/후/좌/우 및 상승/하강 운동을 하게 된다. 모터축에 따라 4개의 프롭이 있으면 쿼드콥터, 6개가 있으면 헥사콥터, 8개가 있으면 옥토콥터라고 총칭한다. 그러나 최근 프랑스에서는 인공지능으로 일자로 변형되는 형태의 드론도 나오고, 1개의 모터로 비행하는 드론이 출시되는 만큼 구조적인 부분에 있어서 발전은 계속되고 있다. 이러한 양상으로 볼 때 우리는 창의적인 형태의 드론에 대해 생각하고 발전해 나갈 필요가 있다.

구성품은 아래그림과 같이 프레임, 모터, 변속기, 비행컨트롤러, 파워모듈, 배터리, 조종기, 수신기로 이루어진다. 프레임은 말그대로 드론의 몸통이다. 모터는 중국의 하이윙이 가격이 싸고, 성능이 좋아서 전세계의 많은 부분을 차지하고 있고, 브러시리스가 반영구적이고, 부드러워서 많이 사용한다. 변속기는 전류값을 조절하면서 프롭의 속도를 제어하는 것으로 열이 많이 발생한다. 그래서 위치가 모터 아래에 부착되거나 프레임 외부에 주로 배치한다. 비행컨트롤러는 일명 FC라고 칭하는데 중국의 DJI에서 많이 생산하고 있고, Naza시리즈가 우리나라에서 많이 사용하고 있으나 일부 불안정한 제품이 있어서 고도가 흔들리거나 호버링할 때 안정성이 떨어질수 있다. 파워모듈은 전자파가 많이 나와서 FC와 가까이 있으면 비행이 불안정할 수 있기에 가급적 떨어뜨려서 설치하는 것을 권장한다. 배터리는 직류로 연결되고 배터리 내부에는 셀로 1개에서 6개로 필요전력에 따라 맞게 사용해야 한다. 외부 충격으로 찌그러지거나 파손되면 사용하지 않고, 전력을 소비하거나 소금물에 담궜다가 패기시켜야 한다. 그렇지 않으면 부풀다가 폭발위험이 있고, 괜히 뜯었다가 물에 넣으면 물이 끓어올라 화재발생 위험이 있다. 조종기와 수신기는 호환이 되는 제품이 좋으며 동일 업체에서 나오는 제품이 비행간 안전한 송수신을 제공할 수 있다. 그렇지 않으면 장거리 비행중 조종기와 수신이 끊어지면 사고로 이어질 수 있다.

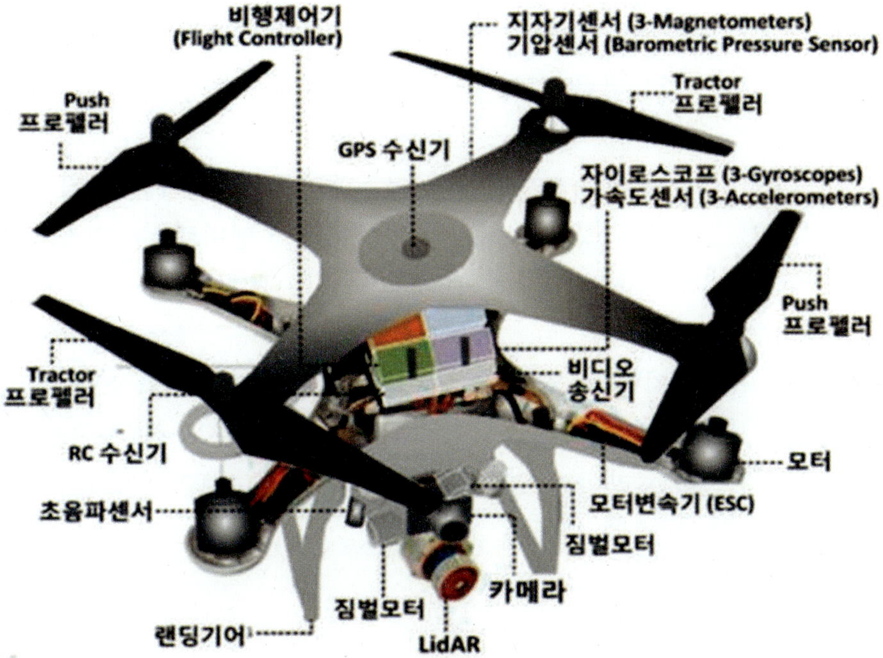

드론의 구성과 종류

픽스호크 FC

- 운영체계 및 소프트웨어에 대해 알아보자. 쿼드콥터같은 무인항공기의 원격조정 및 자율주행을 위해 설계된 Nuttx 운영체제 기반의 소프트웨어로 이루어진 플라이트 컨트롤 보드에서 작동하는 완전한 플렛폼이다. 오픈소프투웨어로 유명한 드론업체 3DR의 PX4의 플라이트 컨트롤러는 일반적으로 32비트 ARM 아키텍처인 Cortex M4F를 장착한 STM32 계열 MCU를 주 CPU로 사용했다. 리눅스재단의 드론코드 프로젝트는 PX4를 채택하고 있다.
  저렴한 비용과 가용성으로 소규모의 원격 조종 항공기에서 아마추어가 사용할 수 있었으며 이 프로젝트는 2009년에 시작되어 취리히 연방 공과대학교(ETHZ)의 컴퓨터 비전 및 기하학 연구소(Swiss Federal Institute of Technology)에서 주도 및 체계화되어 사용되기 시작했다. 세계적으로도 많은 자율 시스템 연구소 및 자동 제어 실험실에서 이를 공동연구하고 개발을 지원하고 있다. 여러 공급 업체가 현재 PX4 자동 조종 장치 및 액세서리를 생산중이다.

현재 리눅스재단에서 아두파일럿 프로젝트로부터 이양받아 드론코드 프로젝트로 운영중이다. 멤버로는 픽스호크 프로젝트(Pixhawk project)의 3DR을 비롯해서 인텔 및 NXP,소니,ARM등이 속해있다.

하지만 이처럼 그 근원을 같이하는 드론 소스는 아두파일럿의 아두콥터 소스 코드가 GNU GPL라이선스를 드론코드 프로젝트는 BSD 라이선스를 따름으로써 서로 다른 라이선스로 독자적인 길을 가게 되었다.

(2) 프레임

- 드론의 몸체로서 모든 부품들을 몸체에 올리고, 외부의 충격으로부터 보호한다. 암대는 대칭되는 형태로 4개짜리는 쿼드, 6개는 헥사, 8개는 옥토콥터로 짝수의 개수로 된 형태가 대부분이다. 프레임의 크리와 중량은 드론의 비행에 큰 영향을 미친다. 대부분 기체 크리와 중량에 따라서 변속기와 모터, 프로펠러 개수가 달라지게 된다. 기체는 대부분 250~1800급으로 구분되는데 모터축과 축간의 거리를 기준으로 명칭이 정해지고, 250급은 레이싱드론으로 사용하고, 500급은 조립취미용으로, 촬영용은 800~1,200급으로 자격증용은 12kg초과 멀티콥터는 주로 1,500급 이상이 운용되고 있다. 프레임은 플라스틱, 알루미늄, 탄소섬유로 된 카본으로 여러종류가 있는데 가격과 용도에 따라 선정을 해야 한다. 가볍고 강도가 높은 카본이 좋으나 단가가 높으나 드론이 임무수행하기에 적합하다고 생각된다. 학생들이 조립하고, 정비하는데는 플라스틱도 좋으나 오랫동안 사용하는데는 제한된다. 카본은

가공하는데 어려움이 많다. 레이저로 절단해야하기에 전문업체에 제단을 의뢰해야 한다. 취미분야의 드론레이싱에는 카본을 주로 사용하고 있다. 잦은 충돌로 파손도가 높기 때문이다.

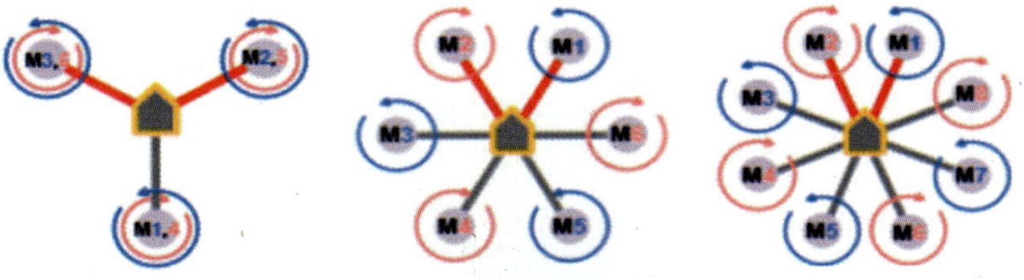

(왼쪽부터)트리콥터, 헥사콥터, 옥토콥터 (출처:beginnerflyer)

(3) 모터와 프로펠러

– 모터 : 멀티콥터의 모터는 계속 횟전하여 드론을 공중에 머무르게 하는 기능을 가지며 브러시드와 브러시리스 모터가 있는데 최근에는 반영구적으로 사용가능한 브러시리스모터가 주로 사용된다.

〈브러시드 모터〉

〈브러시리스 모터〉

- 브러시드 모터 : 직류전기가 흐르면 회전하는 일반적인 모터로 모터의 회전에 마찰면이 있다. 특징은 자석이 고정되어 있는 상태에서 전기가 흐르는 코일이 회전하도록 설계됐다.
- 브러시리스 모터는 회전에 마찰면이 없어 고속회전이 가능하다. 반영구적이며 홀센서를 활용해 회전수 제어가 가능하며 소비전력이 낮은 장점이 있다.
- 모터에 표시된 수치를 보면 x6212에서 처음두자리는 모터 몸체 직경 즉, 몸체의 직경이 6.2cm라는 뜻이며, 마지막 두자리는 높이

가 1.2cm라는 뜻이다.

- KV는 180은 1V 전압을 모터에 공급 했을 시 RPM(분당 회전수)이 180이라는 뜻으로 KV값이 크다고 더 좋거나 빠른 것은 아니며, 이 값은 모터의 토크에 반비례 한다.

〈브러시리스 모터 180KV〉

- 프로펠러의 길이는 모터 출력이 허용하는 최대치를 넘지 않아야 하는데 사용 가능한 프로펠러의 최대 길이는 일반적으로 모터 제원표에 표기되어 있다. 드론의 양력발생과 제자리 비행 등 비행 안전성을 결정한다. 특히, 바람에 기체가 기울어질 때 원 위치하려는 성질에 크게 작용한다.
  프로펠러의 종류는 플라스틱, 카본으로 주로 사용하는데 플라스틱은 충격에 약하기에 교육용, 취미용에 많이 사용하고, 카본은 촬영용, 농업용 등에서 사용한다. 조종미숙으로 드론이 사람에게 접근한다면 플라스틱은 탄성이 약해서 바로 파손되지만 카본은 사람에게는 치명적이고, 건물이나 사물에 부딪쳤을 경우 사고위험도가 크다. 조종실력이 뛰어나고 안정적 비행이 필요할 때 카본 프로펠러를 추천한다.

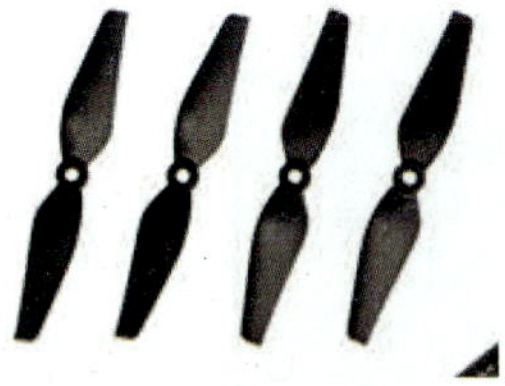

〈프라스틱 프로펠러〉

〈카본 프로펠러〉

- ESC: 전자속도제어기(Electronic Speed Controller), 비행체 제어기, 모터, 배터리에 연결되는 것으로 모터의 회전으로 속도를 중재한다. (이후 이에 대해 많이 배울 것이다.)

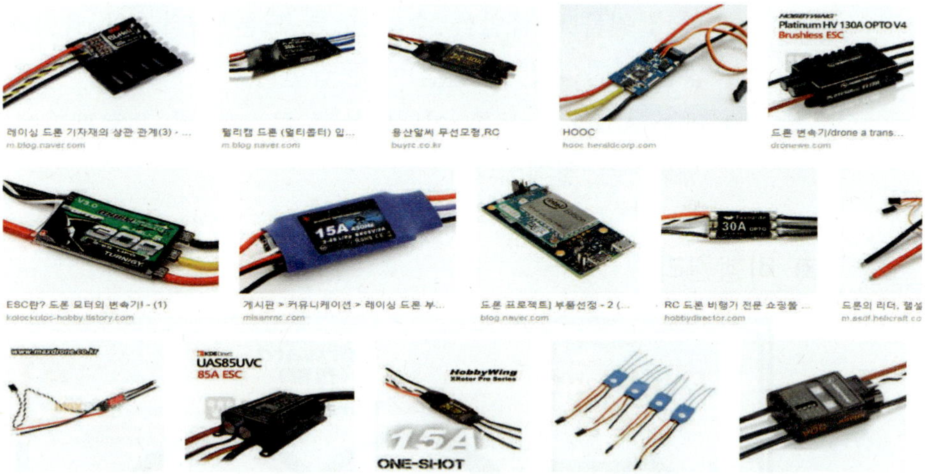

- Li-Po: 리튬 폴리머(Lithinum Polymer), RC 드론에 파워를 공급하는 거의 범용적인 전지 타입이다. 그 이유는 가볍고(드론을 떨어뜨릴 정도로 무겁지 않다), 현재 많이 공급되고 있다.
- Motor: 모터는 프로펠러를 회전시키는 드론의 부속품이다. 소형 UAV는 브러시가 있는 모터를 사용하는 반면에 대형 UAV는 전형적으로 브러시가 없는 모터를 사용한다.
- PCB: 인쇄 배선 회로 기판(Printed Circuit Board). 이는 평평한 섬유 유리 부품으로 많은 다른 개별 부품을 납땜케 한다.

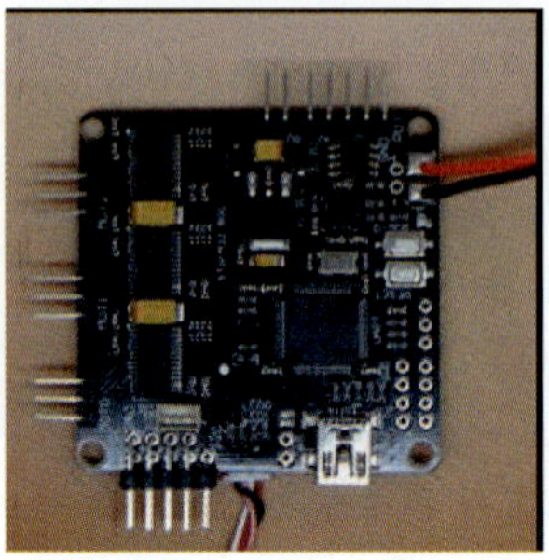

- Power Distribution: RC 쿼드콥터의 다른 부품들에 전원을 공급하기 위해 배터리 파워는 모든 다른 장치에 공유되거나 나뉘어져야만 한다. 이는 전원 분배 보드의 도움으로 이뤄진다. 다른 장치가 전원을 공급받을 수 있도록 드론 배터리의 음극과 양극을 수많은 단자(혹은 연결점)에 공급한다.
- Prop Adaptor: 프롭 어댑터는 드론 모터가 프로펠러에 연결되는데 사용하는 철제이다.

3) 비행원리[41)]

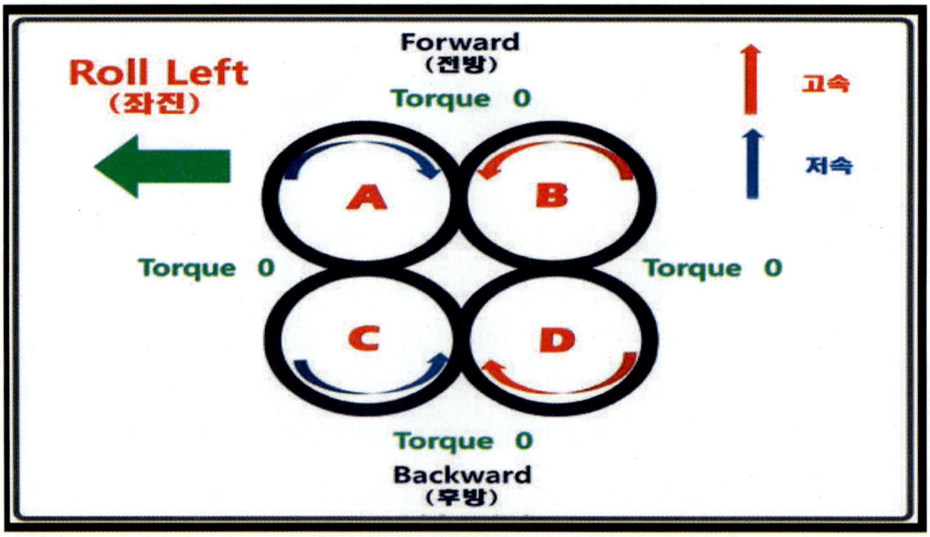

41) https://www.sciencetimes.co.kr 프로펠러의 원리

(1) 추력의 비행원리

추진력의 약자로, 앞으로 나아가는 물체의 원동력이 되는 힘을 의미한다. 가스터빈이나 프로펠러 등이 작동하면 뒤쪽으로 기체/가스를 분사한다. 이때 뉴턴의 운동 제3법칙인 작용·반작용의 법칙으로 인해 앞쪽으로 추력이 발생해 앞으로 나아간다. 따라서 추력은 반작용의 힘이라고 할 수 있다. 우주로 날아가는 로켓이나 우주왕복선도 막대한 추력이 필요하다. 지구의 중력을 이겨내고 우주로 발사되어야 하기 때문에 상당한 양의 추력을 필요로 하고, 따라서 상당한 양의 연료를 분사시켜 추력을 얻는다. 보통 로켓/우주왕복선의 대부분의 부피를 연료가 차지한다.

비행기, 헬기와 같은 항공기는 물론 심지어 선박에 추진력을 부여하는 장치로 알고 있는 프로펠러. 과연 프로펠러가 어떻게 항공기를 날 수 있도록 만드는 지 그 원리를 알아보자.

프랑스의 알폰스 페노는 1871년에 고무줄로 프로펠러를 돌려서 생긴 추진력으로 비행하는 장난감 비행기 프라노포(Planophore)를 개발했다. 최초의 고유 안정성을 가진 길이 50cm의 작은 모형비행기로서 11초 동안에 40m를 비행했으며 근대 비행기의 표본이 되었다. 또한 1903년 라이트 형제의 최초의 동력 비행에 역시 이 프로펠러가 사용됐다.

이처럼 초기 항공 발전에 지대한 영향을 끼친 프로펠러에 대해 알아보도록 하자. 프로펠러의 원리를 이해하기 위해서는 추력과 양력에 대해 먼저 이해하여야 한다. 추력은 프로펠러의 회전이나 가스의 분사에 의해서 얻어지는, 항공기를 밀거나 당기는 추진력과 같은 말이다. 반면에 양력은 중력에 반대방향으로 작용하는 힘으로서 항공기를 뜨게 해주는 역할을 한다.

비행기의 프로펠러가 돌면, 프로펠러의 블레이드(blade : 날개)는 공기를 뒤쪽으로 밀어낸다. 프로펠러의 블레이드는 단면이 에어포일이며 비행기의 날개가 회전하는 것과 같은 효과를 주게 된다. 비행기의 날개는 양력을 발생시키는데 반해 블레이드는 추력을 발생시킨다.
프로펠러는 블레이드의 수에 따라 종류를 나눈다. 2장의 블레이드(2엽)를 가진 프로펠러에서부터 6장의 블레이드(6엽)를 가진 프로펠러까지 있는데, 최신의 항공기에는 6장의 블레이드를 이용해 천천히, 조용히 회전시키며 충분한 추력을 얻어내고 있다. 하지만 블레이드 수가 많아질수록 효율이 떨어지므로 용도에 맞게 사용해야한다. 최근에 프로펠러가 많이 사용되는 초경량 비행기에는 2~3엽 프로펠러가 사용된다.
비행기마다 프로펠러가 사용되는 위치도 다르다. 날개의 앞쪽에 있어서 비행기를 당겨주는 경우(더글라스 DC3), 날개의 뒤쪽에 있어서 비행기를 밀어주는 경우(비치 스타쉽Ⅰ), 앞과 뒤에 하나씩 부착되어 비행기를 밀어주고 당겨주는 경우(세스나 337 스카이 마스터) 등 여러 위치에 사용되지만 대부분의 비행기의 경우 동체 앞부분과 날개에 각각 부착되어 있다.
프로펠러를 보면 이상한 점을 하나 발견할 수 있을 것이다. '왜 끝단이 비틀려 있을까?' 하는 것이다. 그 이유는 프로펠러가 회전을 하게되면 블레이드의 바깥쪽이 중심축(HUB)쪽보다 더 빨리 돌게 된다. 따라서 블레이드 바깥쪽의 실속을 방지하고 추력을 고르게 발생시키기 위해서 블레이드의 모양을 비틀어 놓는다.
프로펠러와 로터의 단면을 살펴보면 둘 다 유선형임을 알 수 있다. 이 두 장치에서 추력과 양력이 발생하는 원리는 비슷하다.
로터가 회전하면서 공기의 흐름을 만든다고 가정하자. 볼록한 위쪽을 지날 때와 평평한 아래쪽을 지날 때 속도 차이가 생기게 된다. 그렇게 만들어진 공기의 속도 차이는 날개의 위쪽과 아래쪽의 압력의 차이를 가져오게 된다. 공기의 속도가 빨라지면 압력이 낮아지고 속도가 느려지면 압력이 낮아진다는 '베르누이의 정리'에 의해 날개 위쪽의 압력이 낮아지고, 아래쪽의 압력이 높아지게 되는 것이다. 그렇게 되면 위쪽으로 힘이 작용하게 되는데. 그것이 양력이다. 그 양력이 헬리콥터를 날 수 있게 해주는 힘이다.

이번엔 이 그림을 옆으로 돌려놓고 보자. 프로펠러가 돌아가면서 공기의 흐름을 만들어내고 속도 차이가 생기게 되며, 그 속도 차이는 압력의 차이를 만들어내어 '베르누이의 정리'에 의해 오른쪽에서 왼쪽으로 힘을 가하게 된다. 그것이 바로 추력이 되는 것이다. 이 힘은 항공기를 앞으로 당기게 되고 그 추력을 바탕으로 날개에서 양력이 생겨 공중으로 떠오르게 되는 것이다.

프로펠러기는 제트추진기에 비해 정지시 출발추력이 좋고, 비행 중 비행속도 및 엔진의 출력 설정이 쉽다. 또한 저속, 저고도에서의 성능이 뛰어나다는 장점이 있다. 그러나 현재 프로펠러기가 각광받지 못하는 이유는 비행속도가 음속에 다다르게 되면 프로펠러에 충격파가 발생해 효율이 급격하게 저하된다는 단점 때문이다. 그래서 프로펠러는 초경량 비행기, 자이로콥터와 같은 레저용으로 사용되고 있다.

(2) 양력의 비행원리

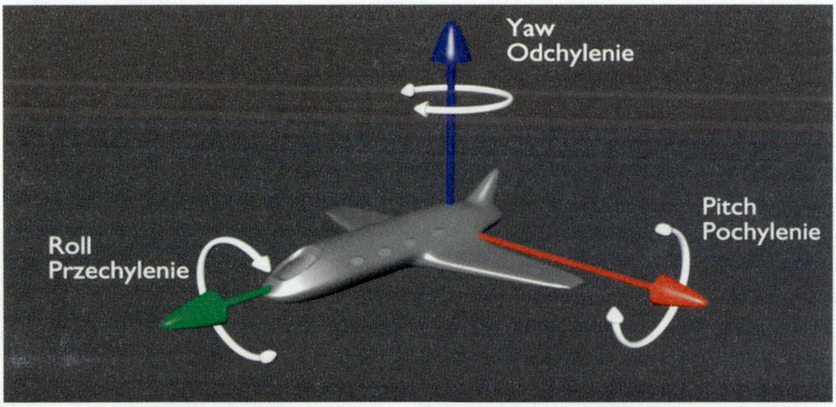

드론의 양력을 사용해서 비행하는 것은 고정익 항공기와 똑같다. 다만 고정익 항공기가 엔진의 힘으로 동체에 붙은 날개를 동체 째로 고속 전진시키는 양력을 얻는다면, 드론과 같은 회전익 항공기

는 엔진의 힘으로 회전익, 즉 로터를 돌려 얻은 양력으로 비행한다는 점이 다를 뿐이다.

보통 멀티콥터 중심부에 수직방향으로 설치된 이 로터는 고정익 항공기에 달려 있는 프로펠러와는 그 기능이나 구조가 확연히 다르다. 가장 많이 사용되고 있는 관절형 로터의 로터 블레이드가 X, Y, Z 3축 방향으로 자유롭게 움직일 수 있는 구조로 되어 있다. 즉 로터 블레이드가 위아래로 움직여 수직방향 경사를 조절하는 롤잉(X축), 로터의 피치를 변경해 주는 피칭(Y축), 로터의 수평 방향 경사를 조절하는 드래그 힌지(Z축) 요잉 장착되어 있다.

일반적인 고정익기의 프로펠러는 프로펠러 블레이드의 피치 조절이 안 되거나, 상당히 제한적이지만 헬리콥터의 로터 블레이드는 그 각도를 이토록 자유롭게 조종할 수 있고, 심지어는 로터의 회전면의 기울기도 마음대로 조절할 수 있다. 그 때문에 전진만 가능한 고정익기와는 달리 제자리비행, 후진비행 등도 가능한 것이다.

4) 장비관리 및 운용

(1) 드론은 크게 비행동체와 GPS, 짐벌, 카메라, 모니터 등으로 구성된다. 드론의 제품명에 붙는 숫자는 기체의 길이를 말하는 것으로 이를테면 250의 경우 레이싱을 하는데 주로 사용되는 250mm크기의 드론이다.

크기가 1m가 넘는 모델도 있다. 프로펠러의 개수에 따라 4개는 쿼드, 6개는 헥사, 8개는 옥토콥터로 불리며 보통 쿼드는 입문자가 많이 사용하고, 헥사이상은 전문가들이 많이 사용한다고 한다.

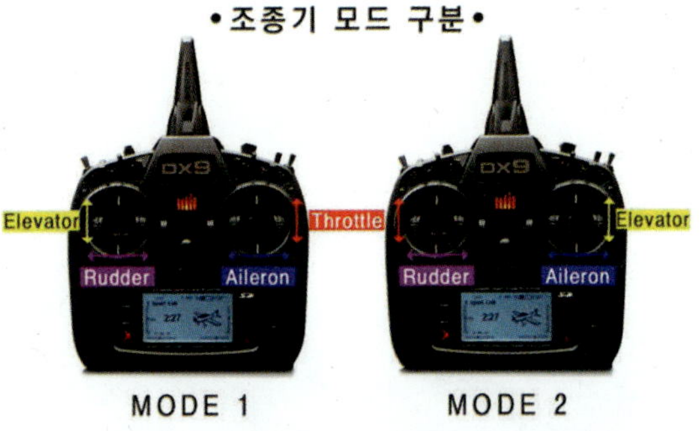

드론의 조종 모드와 조종 방식

(2) 드론의 조종기는 두가지 모드로 구분된다. 모드1은 오른쪽 조종간이 상승 및 하강 인터페이스이고, 왼쪽 조종단이 전진과 후진, 카메라를 조종하며 모드2는 왼쪽 조종단이 상승과 하강으로, 모드1과 반대라고 보면 된다. 조종방식은 1, 2인으로 나누어진다. 1인모드는 드론의 위치를 직접 파악해야 하기 때문에 기중기를 비롯한 각종 장애물들을 피하기 힘들다는 단점이 있다. 그러나 인건비 때문에 대부분 1인 드론 VJ를 쓰려한다.

2인모드는 1명이 드론의 기체 위치만 보면서 장애물 회피 비행을 담당하고 나머지 1명은 카메라의 움직임 섬세하기 조종하며 구도를 잡는다. 좋은 영상을 촬영하기 위해서는 가급적 2인모드를 하는 것이 좋다.

(3) 배터리

배터리는 기체에 전력을 공급해 주는 가장 기본적이고 중요한 요소이다. 대부분 리튬폴리머 배터리를 사용하며 강한 전력을 얻을 수 있다. 용량의 단위는 MAH(밀리암페어)로 숫자가 높을수록 용량크다. 단위는 볼트로 변속기와 모터를 구동시킨다.

주의사항은 리튬폴리머 배터리는 완전 방전시키면 수명이 줄고 성능도 떨어지므로 용량이 40~50%정도 남기전에 충전하는 것이 바람직하다. 배터리가 손상되면 화재의 위험이 크므로 파손시 절대 충전해서는 안된다. 적정온도는 -10~40℃이며 보관온도는 22~28℃이다. 과충전은 배터리 수명이 줄어드는 것은 물론 폭발 및 화재 원인이 되므로 충전하기전에 설정을 정확하게 해야 하겠다. DJI 인스파이어 경우 -15℃이하의 경우 시동 자체가 안 걸린다. 300~500회 이상 충전 및 방전을 거치거나 전압관리에 소홀하면 배터리가 부풀어 오를 수 있으므로 배터리를 교체해 주어야 한다.

기본적인 관리법은 절대로 직사광선 노출을 피하고(배터리가 급속도로 익음) 5-25도 사이에서 보관을 해야 한다. 30도가 넘는 온도에서 장시간 방치하면 내부 전해질이 활성화 되어 부풀어 오른다. 마찬가지로 추운 겨울철 영하의 날씨에 장기간 보관하면 전해질이 굳어 방전률이 급격하게 떨어진다. 이는 배터리 수명을 줄이는 것은 물론이고 안전사고도 일어날 수 있다. 때문에 3달이상 보관할 때는 신문지로 돌돌 말아서 필라멘트 테잎 등으로 감싸주는 것이 좋다. 충전시에는 항상 사람이 옆에서 보면서 과충전이 되는지, 전해질이 새는지, 열이 나는지 꼭 확인해야 된다. 특히 열이 날 경우 즉시 충전을 중단하고 배터리를 화재에 안전한곳으로 이동시켜 혹시 모를 폭발에 대비한다. 일단 리폴배터리는 결정구조가 벌집모양의 아파트처럼 구성되어 있기 때문에 벽이 어느 한쪽이라도 무너지기 시작하면 연쇄반응이 일어나면서 계속 다른 연결부위도 끊긴다. 끊어진 연결부위와 산소가 반응하면 (참고로 물에도 반응한다.) 완벽한 폭탄으로 변신한다. 웬만한 화약 저리가라 할 정도의 위력을 보이니 주의해야 한다. 리폴배터리는 충전시 열이 나는게 아니라 방전시 일어나므로 충전중 열이 난다면 대부분 내부 결정이 깨져서 연쇄반응이 일어나고 있다는 소리다.

〈리튬폴리머 배터리 쇼트에 의한 열발생〉

충전을 할 때 정해진 용량과 전압을 주는것이 좋다. 리튬계열은 충전시 열이 나진 않지만 과전압으로 충전시 내부 전해질이 급격하게 이온화 되면서 부산물(가스)가 생기게 된다. 때문에 리튬철 배터리만 제외하고 전부 1c의 충전을 하는게 좋다. 충전 방법은 배터리가 3.7v 600mA짜리라면 전압은 4.2v에 충전전류는 0.6A를 넣어줘야 된다. 800짜리라면 0.8A를 넣어주면 된다. 그러면 대부분 한시간 내외로 충전이 마무리 된다. 전류는 모자라도 좋으니 본래 용량을 넘게 충전하면 안된다. 정해진 허용 전류범위를 넘어서 지속적으로 충전하게 되면 배터리의 수명이 급격하게 나빠진다. 저가형 충전기는 전류설정이 불가능 하므로 배터리와 같은 용량의 충전기나 아니면 충전기를 업그레이드를 하는것이 정신건강과 시간문제, 그리고 제일 중요한 안정성이 해결이 된다.

〈리튬폴리머 배터리〉

리튬 폴리머는 메모리 효과가 없기 때문에 사실상 방전할 필요가 없다. 되려 과방전은 배터리가 못쓰게 된다. 때문에 리튬폴리머의 방전은 보관할 때나 전압 캘브리레이션(전압차가 심각하여 충전이 안될때 조정하는 방법) 할 때만 쓰인다. 니켈류는 완충 완방전을 해줘야 하는 것 과는 반대다. 리튬전지는 니켈전지와 다르게 전압 수평화 현상을 일으키지 않는다. 이 수평화 현상이라는건 물 높이가 다른 물통에서로 호스로 연결하면 높이가 같아지는 현상을 말한다. 전류도 높은 곳에서 낮은 곳으로 흐르려는 성질이 있기 때문에 니켈전지의 경우 전압이 다른 전지와 혼용하면 시간이 지날수록 전자가 전압이 낮은 쪽으로 움직여 결국 전압이 수평화 된다.(같아진다는 이야기) 때문에 니켈전지는 리튬과 다르게 밸런스 충전이라는 것이 사실상 필요가 없다. 그래서 니켈전지는 따로 밸런스 충전 단자가 없는 것이다. 다만 니켈전지의 이러한 특성 때문에 전압이 낮은 전지와 같이 두면 낮은 쪽이 충전되는 현상이 일어나게 되어 열이 발생하게 된다. 밀폐되고 온도가 높은 곳이라면 화재나 쇼트도 날 수 있다. 반면 리튬은 이러한 현상이 없으므로 전압차가 낮은 셀들을 장시간 연결하게 되면 전압이 높은 한쪽 셀이 불안정한 상태가 된다. 즉 배터리가 임신될 가능성을 열어두는 계기가 된다. 그러므로 배터리를 잘 쓰고 싶다면 방전으로 전압 평준화를 한번 해줄 필요가 있다. 마찬가지로 보관할 때는 방전을 해준 후 3.8볼트까지 밸런싱 충전으로 해두는 것이 배터리를 가장 안전한 전압에 저장하는 것이다. 자연 방전 되더라도 1년정도는 3.7볼트를 유지하기 때문에 리튬배터리의 평균 전압치를 맞춰 보관할 수 있게 된다. 충전기에서 만충 상태로 디스차지로 전압을 빼게 되면 방전은 셀밸런싱이 안되기 때문에 배터리의 셀 특성에 따라 반드시 어느 쪽이 먼저 전압이 떨어지게 되어 있으므로 1달이상 장기간 보관의 경우 디스차지 후 스토리 모드로 충전하길 바란다. 스토리지가 안되는 충전기라면 전압을 3.8v를 최대치로 설정하면 된다. 그리고 당연한 이야기겠지만 저가형 충전기는 이런 기능이 안된다.

5) 조종자

조종자는 국토교통부 산하 한국교통안전공단에서 시행하는 초경량비행

장치 무인멀티콥터 조종자 자격증 취득한자이다. 자격증은 학과시험에 합격하고, 실기평가와 구술평가에 합격해야 한다. 학과시험은 항공법규, 항공기상, 비행운용 및 이론에 대한 기본지식을 습득하고, 비행을 안전하게 할 수 있는 소양을 갖추어야 한다. 실기평가는 비행의 기초기술을 익히고, 응용기술을 능숙하게 하고, 비상사태발생시 안전하게 원하는 장소에 착륙 할 수 있어야 한다. 구술평가는 기본적인 비행장안전점검, 비행금지구역 등 기체에 관한사항을 포함하여 숙지하고 말할 수 있어야 하겠다.

조종자의 책임은 자격증을 취득하려는 순간부터 기체를 조종하는 것은 본인이라는 책임감을 가지고 있어야 하며 어떠한 경우에도 범죄나 사회적 물의를 일으키는 행동을 해서는 안된다. 과거에 기술수준이 부족했을 때는 조종자의 과실에 의한 사고보다는 기계적인 결함에 의한 사고가 대다수였으나 현재는 정비부실, 조작 미숙이 사고의 대부분이다.

조종자는 기본적인 조종능력, 정비능력, 촬영능력, 상황대처 능력 등이 필요하다. 아무리 좋은 장비가 있어도 운용을 못한다면 무용지물(無用之物)이다. 그래서 자격을 갖춘 조종자가 필요하다. 비행중 GPS모드센서가 작동하지 않아 자세모드나 매뉴얼모드로 변경되었을 때 순수 조종술로 안전하게 착륙을 해야 하고, 필요에 따라 계속 임무수행이 필요 할 때는 장애물도 피하고, 비가시권비행으로 모니터만 보고도 방향감을 찾아서 비행을 할 수 있어야 하겠다.

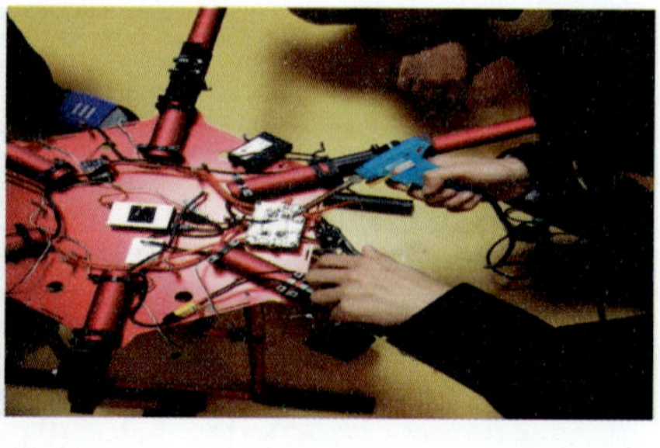

〈산업용 드론 정비〉

정비능력은 기체의 작은 소리에도 민감해야 한다. 괜찮겠지라고 생각하고, 지나치게 되면 분명 기체에 문제가 생기고 추후 큰사고로 이어질 수 있다. 실제로 비행중 스르륵 하며 이상소리가 감지되었다. 주기적으로 계속 소리가 났으나 그냥 지나쳤다. 이후 프롭의 나사가 빠져서 결국 추락하는 상황이 일어났다고 볼 수 있다. 정비의 중요성에 대해 강조 할 수 있는 대목이라고 할 수 있다.

〈드론 모터 정비〉

촬영능력은 촬영하고자 하는 피사체를 정확하고 선명하게 촬영 할 수 있는 기술로 가령 카메라의 기능을 알아야 기상현상에 따라 설정하여 촬영에 임해야 하겠다.

상황대처 능력은 드론으로 비행중 헬리콥터를 만나거나 새때가 지나가거나 배터리가 다되어 돌아올 수 없을 상황 등 여러상황에 대해 안전하게 착륙을 할 수 있어야 한다.

6) GPS(위성항법시스템)

(1) 위성항법시스템은 인공위성을 이용한 위치 및 시각 결정시스템이다. GPS의 기본적인 목적은 지상, 해상, 공중에서 사용자의 위치를 시각 및 기상상황에 관계없이 계속적으로 측정이 가능하도록 하는 것이며, 우주공간에서의 항법을 위해서도 쓰이고 있다. 처음에는 군사적

인 목적에 의해서 개발되었으나 시스템 구성이 완료된 현재에는 민간용으로도 폭넓게 활용되고 있고 새로운 응용분야가 많이 개발되고 있다.

(2) 위성항법시스템(GPS) 기본원리는 3차원 측량법에서의 기본개념은 위치를 알고 있는 여러 개의 인공위성으로부터 송신된 전파가 수신기에 도달하기까지의 시간을 측정하여 사용자로부터 위성군에서 위치측정에 필요한 정보를 항상 전송하고 있으며, 사용자는 최소한 3개 이상의 위성으로부터 전파를 수식하면 그 정보를 제공함으로써 언제어디서나 자신의 현재 위치를 측정 할 수 있다.

(3) 드론의 GPS모드는 GPS안테나를 탑재하고 GPS를 통해 멀티콥터의 고도와 위치를 지정할 수 있는 모드로 가장 조정이 쉽다. 그러나 비행상태에서 GPS가 갑자기 수신이 안되며 이때는 자세모드 또는 수동모드로 해야 한다.

(4) GPS의 장애요소는 태양의 활동변화, 주변 환경에 의한 일시적 문제, 의도적 방해, 위성의 수신장애 등 다양하며, 이로 인해 GPS에 장애가 오면 드론이 조종불능 상태가 될 수 있다.

7) 영상전파체계

(1) 무인항공기는 주파수에 의해 운용된다. 즉 기체 제어를 할수 있는 제어용 주파수와 영상을 수신할 수 있는 임무용 주파수로 구분하여 할당되어 있다.

(2) 면허용 주파수(상업용 / 공공업무용) : 가시거리 내 운용

- 제어용주파수 : 무인기 조종과 무인기 상태를 조종사에게 알리는데 사용(지상제어는 가시권내 제어 5,030~5,091MHz, 위성제어는 원기리 제어로 2,520MHz폭)
- 임무용주파수 : 5,091~5,150MHz, 무인항공기에 탑재된 카메라, 센서 등 장비가 수집한 정보를 전송하는데 사용되는 주파수로 임무장비 통신용

8. 항공역학

1) 기체에 작용하는 4가지 힘

비행중인 항공기에는 추력과 항력, 양력과 무게의 힘이 작용한다. 이 힘에 대해서 알고 그 힘을 조절하는 법을 이해하는 것이 비행에 있어 필수적이다. 이단원에서는 어떻게 추력과 항력, 양력과 무게, 하중계수 등을 어떻게 조절할지에 대해 기술되어 있다.

(1) 추력

프로펠러, 또는 회전날개에서 발생하는 힘으로 항공기를 앞으로 전진시키는 힘이다. 이는 항력과 반대방향으로 작용하며 일반 적으로 항공기의 세로축과 평행하게 작용한다.

(2) 항력

날개와 회전날개, 그리고 동체나 다른 돌출된 부분은 공기흐름에 대한 저항을 발생시키고, 힘은 뒤로 향하게 항공기의 전진을 방해하는 힘이 된다. 항력은 일반적으로 추력에 반대되고 상대풍과 평행하게 작용한다.

(3) 양력

하공기의날개가 공기 중을 통과하면서 발생되는 힘이다. 양력은 항공기 비행경로에 대해 수직으로 작용하고 양력의 중심위치는 받음각의 크기에 따라 변한다. 수평 비행에서 양력과 중력은 반대방향으로 작용한다.

(4) 무게

무게는 항공기 자체의 무게, 승무원, 연료, 화물 등의 무게를 합한 것이다. 무게는 중력에 의해 항공기를 아래로 끌어당기는 힘이다. 이는 양력과 반대로 작용하며, 항공기 무게중심을 통하여 지구중심을 향해 작용한다.

2) 운동법칙

(1) 뉴턴의 운동법칙

양력의 크기를 구하는 공식은 역사적으로 지난 수세기 동안 항공기의 운동을 설명하는 기초적인 물리법칙의 하나였다. 이 법칙은 겉보기에 양력의 모든 측면에서 적용이 가능한 것처럼 보이나 양력이 어떻게 생성되는지 자세히 설명해 주지 못한다.

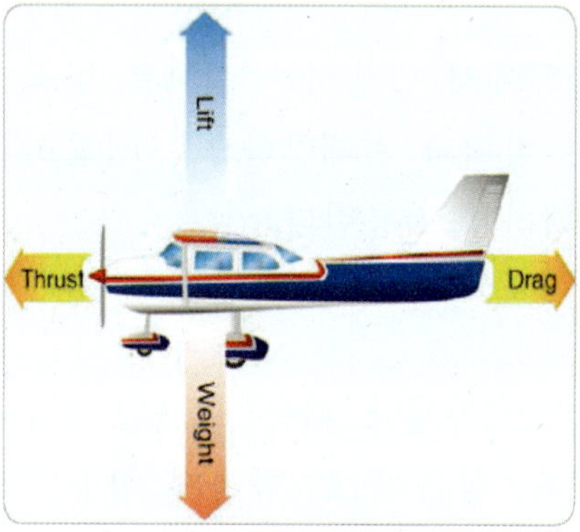

[그림 3-9] 항공기에 작용하는 힘들의 관계

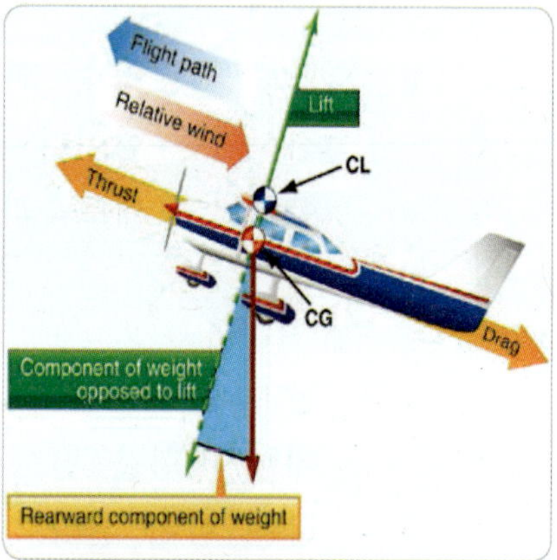

[그림 3-10] 안정된 상황에서의 힘의 방향(Vector)

비행중인 항공기에 작용하는 힘을 다르는 물리법칙 등은 성공적으로 항공기를 날리기 이전에 개발된 가정이론으로부터 채택되었다. 이러한 물리적 법칙의 사용은 1600년대 유럽에서 시작된 과학 혁명에서 발전되었다. 우주는 인간의 이해를 통하여 예측 할수 있는 방식으로 움직인다는 믿음에 힘입어 많은 철학자. 수학자, 자연과학자 및 발명가들은 그들의 일생을 우주의 비밀로 푸는데 바쳤다. 그중에 가장 잘 알려진 사람이 만유인력법칙을 만들고 3가지 운동법칙을 설명한 아이작 뉴턴경이다.

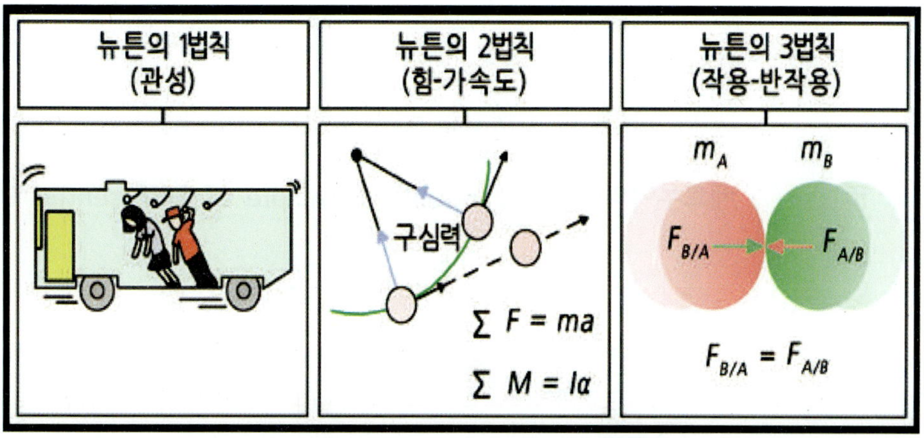

제1법칙(관성의 법칙) : 모든 물체의 질량중심은 그 상태를 바꿀만 한 힘이 강제로 주어지지 않는 한 정지상태를 유지하거나 일정한 운동을 하여 진행방향으로 계속 움직이는 상태를 유지하려는 성질로서 이는 어떤 외부의 힘이 가해질 때까지 움직임을 멈추거나 시작하지 않는 것을 의미한다. 주기장에 서 있는 항공기에 관성을 극복할 힘이 가해지지 않으면 항공기는 그대로 정지 상태로 남아있다. 일단 물체가 움직이면, 관성은 그 물체를 계속 움직이도록 하고, 그 물체에 다양한 방향에서 다른 힘들이 작용하면 그에 따라 다양한 방향으로 움직이도록 한다.. 이러한 힘들은 그 물체의 움직임에 가산되거나 속도를 늦추거나, 방향을 변경시킬 수도 있다.

제2법칙(운동의 법칙) : 운동의 결과물체에 작용하는 힘의 크기는 시간변화에 대한 운동량변화와 같다. 즉, 힘은 질량에 가속도를 곱한 것과 같다. 이를 다르게 표현하면 물체에 이러한 힘이 가해질 때 그 결과 가속도는 물체의 질량에 반비례하고 가해진 힘에 비례한다.

제3법칙(작용과 반작용의 법칙) : 모든 운동의 작용에 대해 반대의 방향으로 작용하는 반작용이 있다는 법칙으로 예를 들어 프로펠러 추진 항공기는 프로펠러를 회전시켜 공기를 뒤로 밀어내고, 밀어내는 공기의 반작용 힘으로 비행기를 앞으로 전진시킨다. 제트 비행기에서는 엔진에서 연소된 고온 고압의 배기가스를 뒤로 밀어내어 그 반작용으로 비행기를 앞으로 전진시킨다.

(2) 베르누이의 원리(Bernoulli's Principle of Differential Pressure)

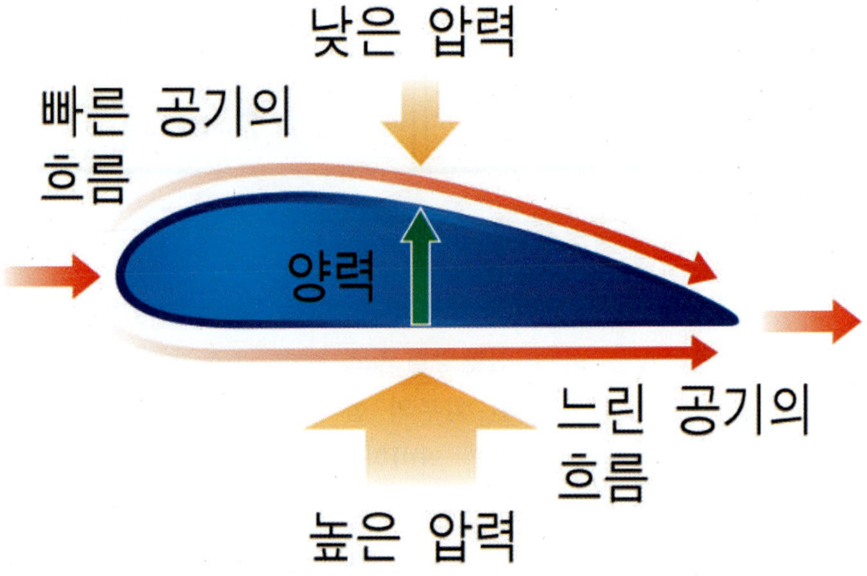

뉴턴이 운동의 법칙을 만들어내고 반세기가 지난 후에, 스위스 수학자인 다니엘 베르누이는 움직이는 유체의 압력이 운동속도에 따라 어떻게 변화하는지 설명했다. 베르누이는 움직이는 유체의 속도가 증가하면, 유체의 압력은 감소한다는 것을 증명하였다. 이원리는 항공기 날개의 굴곡진 윗부분을 지나가는 공기 흐름의 결과가 어떻게 일어나는지 설명한다. 베르누이 정리는 벤투리관을 이용하여 이해할수 있다. 벤투리관은 입구를 지나 점점 통로가 좁아지고 좁은 통로를 지나면 다시 통로가 점점 넓어져 공기가 배출되는 관으로 되어 있다. 배출구의 지름은 유입구와 같다. 관으로 우입되는 공기의 질량은 노관 밖으로 나가는 질량과 정확히 같아야 하므로 (질량

보존의 법칙) 좁은 부분 지점에서 같은 양의 공기가 통과하려면 속도가 증가하여야 한다. 공기 속도가 증가하면 압력은 감소하며, 좁은 지점을 지나면, 공기흐름은 다시 느려지고 압력은 증가한다.

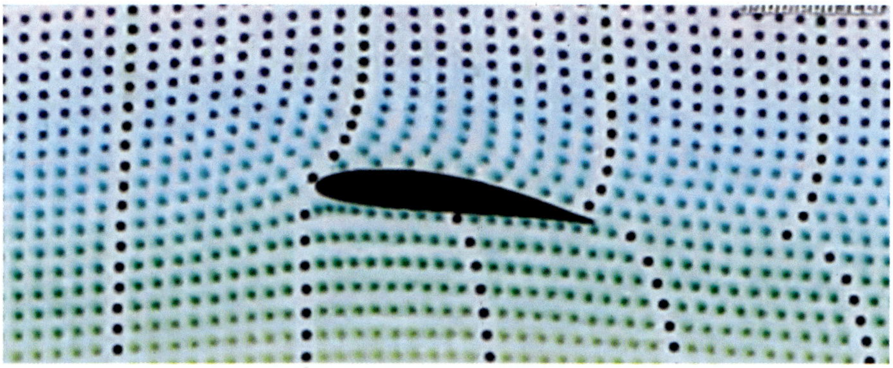

〈공기의 흐름〉

공기는 하나의 질량을 가진 유체이기 때문에 공기흐름이 뉴턴과 베르누이의 법칙에 적용되므로 어떻게 항공기 날개가 양력을 발생시키는가를 알 수 있다. 날개는 공기를 통해 움직이기 때문에, 굴곡진 윗면을 지나가는 공기의 흐름은 속도를 증가시키고 저압 지역을 생성한다.

뉴턴과 베르누이 그리고 우주의 물리법칙을 연구한 다른 수백명의 초기 과학자들이 양력이 어떻게 생성되는지에 대한 관점에 큰 통찰력을 제공 했다.

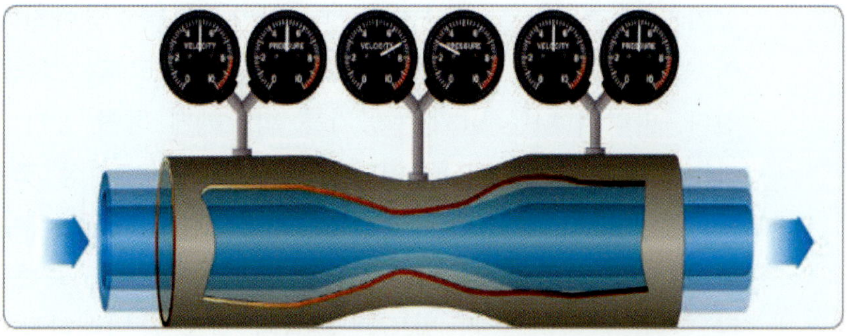

〈벤투리관에서의 공기의 흐름〉

9. 항공기상

1) 기온과 기압

- 온도 : 지구는 태양으로부터 태양 복사 형태의 에너지를 받는데 흡수된 복사열에 의한 대기의 열은 중요한 기상 변화의 요인이다.
- 기온 : 물체의 차고 더운 정보를 수량적으로 표시한 것으로 공기의 차고 더운 정도를 수향으로 나타낸 것이다. 태양열을 받아 가열된 대기의 온도로 지상에서 1.5m 정도 높이의 대기온도를 말한다.
- 섭씨온도 : 1기압에서 물의 어는점을 0℃, 끓는점을 100℃로 하여 그 사이를 100등분한 온도이며, 단위 기호는 ℃이다. (물의 빙점 0℃, 비등점 100℃, 절대영도 -273℃)
- 화씨온도 : 표준대기압 하에서 물의 어는점을 32°F, 끓는점을 212°F로 하여 그사이를 180등분한 것이다.
- 절대온도 : 열역학 제 2법칙에 따라 정해진 온도로서 이론상 생각할 tn 있는 최저온도를 기준으로 하는 온도 단위이다. 즉 그 기준점인 0k는 이상기체의 부피가 0이 되는 극한 온도 -273.15℃와 일치한다.
- 기압 : 대기의 압력을 기압이라 하며, 유체 내의 어떤 점의 압력은 모든 방향으로 균일하게 작용하지만, 어떤 점의 기압이란 그 점을 중심으로 한 단위면적 위에서 수직으로 취한 공기 기둥 안의 공기의 무게를 말한다.

  기압의 특성은 고도가 증가하면 기압은 감소한다. 기온이 낮은 곳에서 공기가 수축되므로 평균기온보다 기압 고도는 낮아진다. 반대로 기온이 높은 지역에서는 공기의 팽창으로 기압 고도는 평균기온보다 높아진다. 따라서 더운 날씨는 공기를 희박하게 하여 공기 밀도를 낮게 한다. 대기의 기압은 고도, 밀도, 온도, 습도 등 기상 조건에 따라 변한다. 이에 따라 일정한 기준 기압이 필요하고, 평균 해수면의 기준으로 하여 기타 지역의 기압을 측정하게 되는데 이를 표준 해수면 기압이라 한다. 따라서 공기 밀도는 기압과 습도에 비례하고, 온도에 반비례한다.

- 기압계의 종류 : 아네로이드 기압계는 액체를 사용하지 않는 기압계로 기압의 변화에 따른 수축과 팽창으로 공합의 두께가 변하는 것을 이용하여 기압을 측정하는 것으로 고기압에서는 아네로이드가 수축하여 저기압에서는 아네로이드가 팽창한다. 수은기압계는 상부를 진공으로 한 유리관의 일부를 막아서 수은조 내에 세워 관내의 수은주 높이를 재어서 그와 평행하는 대기 압력을 구하는 기압계이다. 자기기압계는 시간에 따른 기압의 변화를 자동적으로 기록되게 한 기계로서 정해진 위치에 고정시켜서 사용한다.

2) 대기의 구조

지구의 대기는 평균기온변화, 화학적 조성, 운동 및 밀도의 연직구조를 기반으로 5개의 층으로 세분화 된다. 5개층이 구분은 열특성, 화학적 조성, 이동 및 밀도의 최대 변화가 발생하는 권계면에 의해 결정된다.

- 대류권

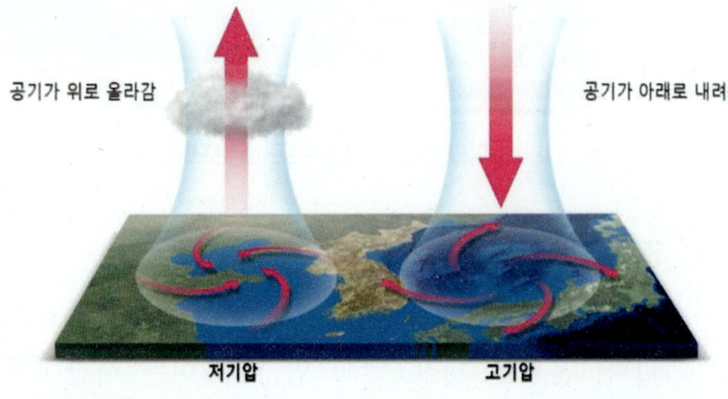

* 사진출처 : 에듀넷 '날씨와 우리 생활- 기압'

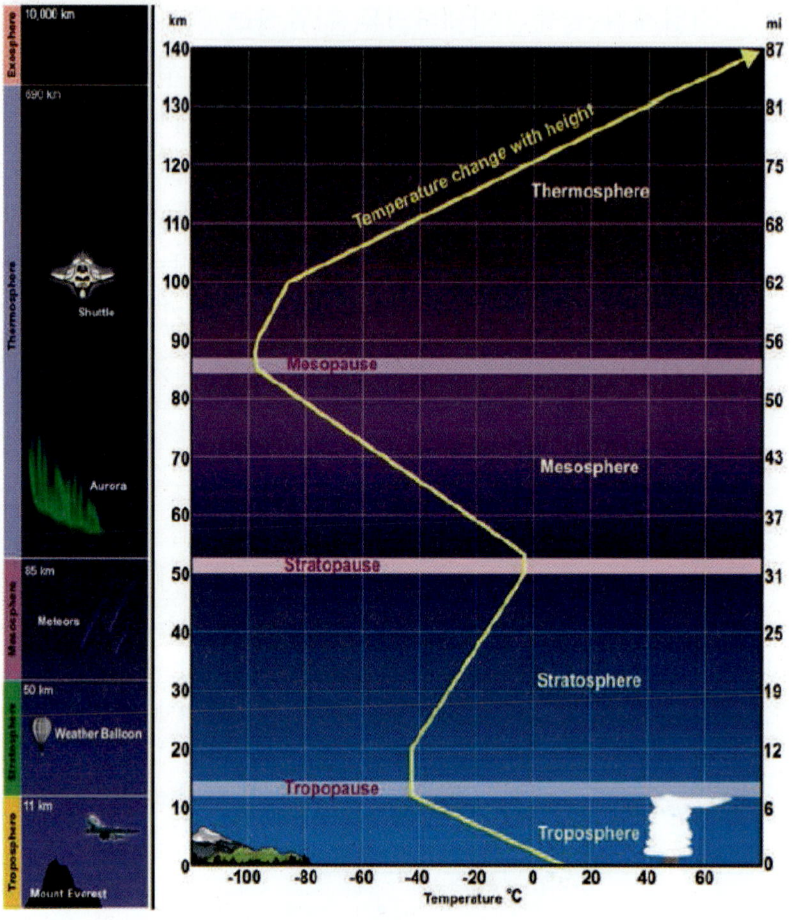

〈대기의 연직온도 분포에 의한 구분〉

3) 열과 온도

온도는 대기의 상태를 설명하는 데 사용되는 가장 기본적인 변수 중 하나다. 온도는 계절, 낮과 밤, 심지어는 시간대에 따라 변화한다. 또한 온도는 지역, 고도, 그리고 위도에 따라서 달라진다. 온도는 특히 비행에 결정적인 영향을 미칠 수도 있다. 항공과 기상에 치는 온도를 알아보기 위하여 이장에서는 온도, 온도측정, 열의 전달과 불균형 등에 대하여 설명하고자 한다.

- 물질은 물체를 구성하는 원자와 분자로 이루어져 있다. 지구의 모든 물질에는 중력이 작용하며, 정지 또는 운동하는 물체는 지속성을 유지하기 위해 관성이 나타난다. 물질의 질량에 작용하는 지구의 중력은 무게를 발생시킨다. 물질은 고체, 액체, 기체 상태로 존재한다.
- 에너지는 일을 할 수 있는 능력이다. 에너지는 여러 형태로 존재할 수 있으며, 역할 에너지 전기에너지, 원자에너지 등으로 변환할 수 있다. 기상에서 자주 언급되는 역할 에너지에는 운동에너지와 위치에너지가 포함된다. 단위시간에 유출되는 에너지의 양은 동력으로 표기할 수 있다. 원자와 분자는 끊임없이 움직이기 때문에 운동에너지를 생산한다. 물체의 높낮이 위치에 따라 위치에너지의 양이 달라진다. 또한 움직이는 물체의 속도에 비례하여 운동에너지의 수준도 달라진다.
- 열은 물체를 구성하고 있는 원자와 분자의 운동에너지의 총량이다. 물체에 가해진 열의 양과 물체의 상태는 상관관계를 갖는다. 물체의 원자와 분자는 같은 속도로 움직이지 않는다. 그래서 물체의 원자와 분자 간에는 실제적으로 운동에너지의 범위가 존재한다.
- 온도는 물체 내 원자와 분자의 평균 운동에너지를 수치로 표현한 것이다. 온도는 분자의 운동에너지에 의해 직접적으로 영향을 받는다. 온도가 높다는 것은 물체의 분자 속도가 빠르다는 것을 의미하므로 분자의 운동에너지가 높아지는 것을 뜻한다. 반대로 낮은 온도는 분자의 운동속도를 느리게 만들기에 분자의 운동에너지가 낮아진다. 온도는 공기의 내부에너지를 지수로 표현한 것이다.

4) 연직운동과 구름형성

- 구름은 지구의 대기에 존재하는 미세한 물방울과 얼음입자로 구성된 가시적 집합체다. 안개와 구름은 차이점이 있다. 안개는 지표면에 형성되고, 구름은 지표면 위에 있다. 구름은 공기가 지속적으로 상승하는 곳에 수증기가 응축되거나 또는 안개의 가장 낮은 층의 수증기가 상승하여 대기에 생성된다. 약한 강수보다 강한 강수를 생성하기 위해

서는 수직적으로 두꺼운 구름이 형성 되어야 하는데, 이를 위해서는 공기의 상승기류가 지속적으로 요구된다.

- 불포화 공기덩어리의 연직운동 효과는 공기덩어리가 상승한다는 것은 압력이 낮은 고도로 이동한다는 것이다. 이 경우 공기덩어리는 팽창하게 된다. 이과정은 공기덩어리로부터 열을 뺏는 작업을 필요로 하기 때문에 공기는 상승할수록 냉각된다. 이러한 과정을 단열과정이라고 한다. 단열이라는 용어는 공기덩어리 주위로 열이 전달되지 않는다는 것이다. 공기는 열전도율이 낮기 때문에 전도에 의한 열전달은 무시할 정도로 미미하다.
- 공기덩어리가 상승하면서 냉각되는 속도를 온도 체감률 또는 감률 이라고 한다. 상승하는 불포화 공기덩어리는 상승하면 열을 방출함으로서 냉각된다. 1,000ft당 약 3℃의 감률이 일어난다. 또한 동시에 이슬점은 1,000ft당 약 0.5℃감소한다. 공기덩어리의 온도-이술점 간격은 상대습도가 증가하는 동안 감소하게 된다.
- 포화 공기덩어리의 연직운동효과는 상승응결고도는 습기가 있는 불포화 상태의 공기가 건조 단열적으로 상승하여 포화 상태가 일어나는 고도이다. 상승 응결고도는 상승하는 공기 덩어리의 온도와 이슬점이 동일해지는 고도로 설명되기도 한다. 따라서 상승 응결고도에서는 온도,-이슬점 간격이 0이고 상대습도는 100%가 되는 것을 의미한다.
- 포화 공기덩어리를 계속해서 상승시키면 응결, 구름 형성, 그리고 잠열이 방출된다. 응결이 되며 발생하는 열은 공기덩어리 팽창에 의한 냉각을 상쇄하기 때문에, 공기덩어리는 습윤단열감율로 냉각되며, 그 값은 온난한 포화 공기덩어리에서는 4℃/1km, 차가운 포화 공기덩어리에서는 9.8℃/1km 사이이다.

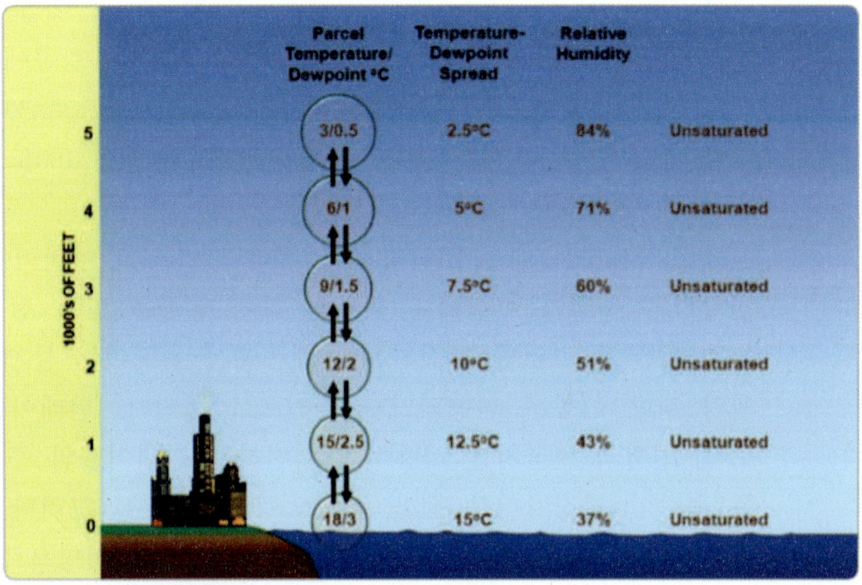

〈불포화 상승/하강 공기덩어리의 예〉

[표 2-10] 공기덩어리의 연직 운동 특성

공기 덩어리	불포화상태			포화상태		
	온도 변화	이슬점 변화	상대습도	온도 변화	이슬점 변화	상대습도
상승	−3℃/1,000ft	−0.5℃/1,000ft	증가	−1.2℃to −3℃/1,000ft	온도변화와 동일	100%
하강	+3℃/1,000ft	+0.5℃/1,000ft	감소			

5) 바람

- 바람은 지구 표면을 따라 움직이는 상대적인 공기의 흐름이다. 우리는 실제로 공기가 움직이는 것을 볼 수는 없지만, 물체에 가하는 힘으로 움직임을 추정 할 수 있다. 예를 들면, 나무가 흔들리거나 나뭇잎 부스러기가 날리는 것을 보고 바람이 불고 있음을 알 수 있다. 바람은 날씨와 항공기에 있어 매우 중요한 요소이다. 바람은 기상 현상을 만들어 내기도 하고, 날씨를 변화시키기도 하고, 새로운 날씨를 만들어 내기도 한다. 또한 바람은 모든 비행단계에서 항공기에 영향을 미친다.

- 풍향은 바람이 불어오는 방향을 기준으로 설정한다. 예를 들어 서풍이라고 하면 서쪽에서 동쪽으로 부는 바람을 말한다. 항공에서는 일반적으로 바람이 불어오는 방향에 따라 나침반을 기준으로 36방위를 사용한다. 예를 들어 북풍은 360도, 동풍은 90도, 남풍은 180도, 서풍은 270도 방향에서 불어오는 바람을 말한다.
- 바람에 작용하는 힘은 기압경도력, 전향력, 그리고 마찰력이다.
- 전향력은 움직이는 물체는 외부의 힘에 영향을 받기 전까지는 직선운동을 한다. 그러나 회전하는 플렛폼에서 움직이는 물체를 보면, 물체의 질량 이동은 편향되거나 곡선으로 보인다. 턴테이블을 상상해보자. 연필과 눈금자를 사용하여 회전하는 턴네이블의 중심에서 바깥쪽 원주인 가장자리로 선을 직선으로 그어본다. 그러나 턴네이블을 멈춰 세워시 보면 선이 중심에서 바깥쪽으로 나선형으로 뻗어 나갔음을 알 수 있다. 전향력으로 연필이 오른쪽으로 비켜나갔다. 회전계 같은 비관성 좌표계에서 작용하는 겉보기 힘은 움직이는 지구상에서 입자를 전향시킨다. 지구가 구형이므로 전향력은 단순한 턴 테이블보다 훨씬 더 복잡하게 작용한다. 이 힘은 지구상에서 관찰되는 하나의 자연현상을 설명하는 용어이다. 이 원리는 1835년 프랑스의 공학자이며 수학자인 Gaspard-Gustave de Coriolis에 의해 처음으로 설명된 고전역학에서의 관성력이다.

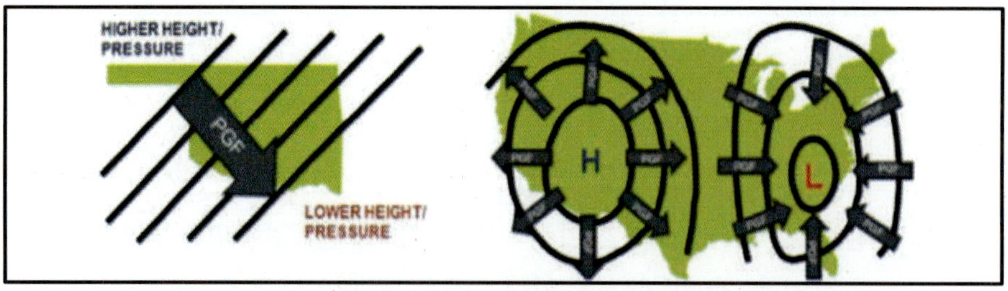

〈기압경도력의 방향〉

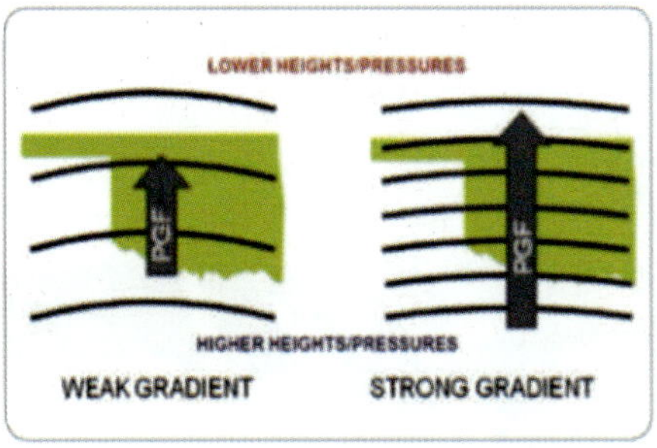

〈기압경도력의 크기〉

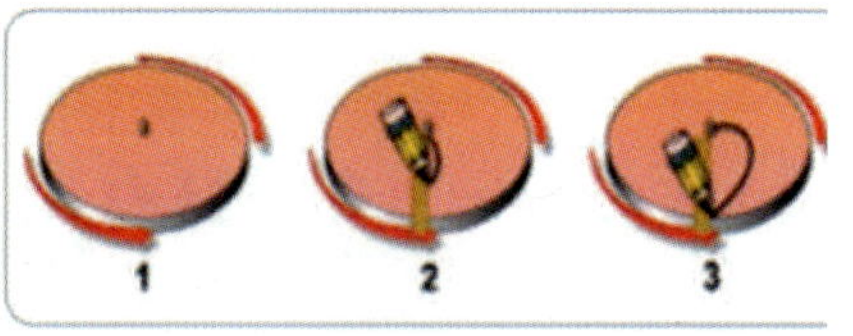

〈전향력의 예〉

움직이는 물체를 보면, 물체의 질량 이동은 편향되거나 곡선으로 보인 다

6) 착빙

- 빙결온도 이하의 상태에서 대기에 노출된 물체에 과냉각 물방울 또는 구름 입자가 충돌하여 얼음의 피막으 ㄹ형성하는 것을 착빙 현상이라고 하며, 항공기에 발생하는 착빙은 비행안전에 있어서의 중요한 장애 요소중의 하나이다.
- 착빙형성의 조건은 대기중에 과냉각 물방울이 존재하고, 항공기 표면에 자유대기 온도가 0℃이하일 때 형성된다.
- 특징은 착빙의 85℃는 전선면에서 발생하며, 전선면에서는 온난 공기가 상승 후 빙결고도 이하의 온도에서 냉각시 과냉각 물방울에 의해 착빙된다. 구름이 없는 전선면 아래에서의 착빙은 어는 비, 안개비에 의한 것이다. 강한비가 내리는 전선의 적운층 속이나 산악에서는 심한 착빙현상이 발생할 가능성이 높다. 얼음비는 액체상태의 물방울이 빙결점 이하로 기온이 떨어졌는데도 액체 상태로 유지된 상태로 항공기와 출동 시 착빙이 되는데 이를 수빙이라고도 하며 활주로상에 우빙이 있다면 비행기의 이착륙에 치명적이다. 밤에 지표면이나 물체가 이슬점 이하로 냉각된 경우 경기중의 액화된 수증기와 접촉시 이슬이 서서히 서리로 변한다.

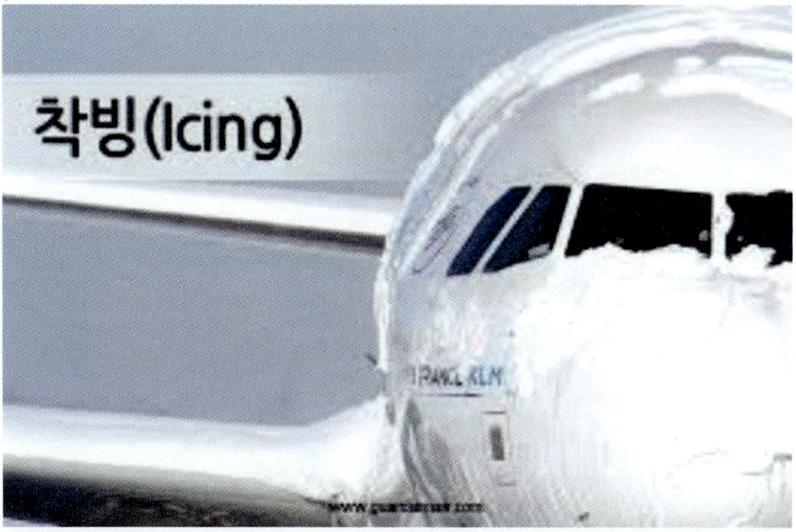

- 착빙은 구름 속의 수적 크기, 개수 및 온도에 따라 맑은 착빙(clear icing), 혼합착빙(mixde icing), 거친착빙(rime icing)으로 분류된다. 맑은 착빙은 수적이 크고 주위 기온이 0~10℃인 경우에 항공기 표면을 따라 고르게 흩어지면서 천천히 결빙된다. 혼합착빙은 -10℃~-15℃ 사이인 적운형 구름속에서 자주발생하며 맑은 착빙과 거친 착빙이 혼합되어 나타나는 착빙이다. 거친착빙은 수적이 작고 주위 기온이 -10℃~-2

0℃경우에 작은 수적이 공기를 포함한 상태로 신속히 결빙하여 부서지기 쉬운 거친 착빙이 형성된다.

- 착빙이 생겼을 때 날개면 착빙은 공기 흐름을 변화시켜 양력을 감소시키고, 항력을 증가시켜서 실속의 원인이 된다. 프로펠러의 효율을 감소시키고, 속도를 감소시켜 연료가 낭비되고 프로펠러의 진동을 유발하기 때문에 파손될 수 있는 위험성이 크다. 연료탱크착빙은 항력이 증가하고, 안테나는 동신두절위험이 있으며 조종석은 시계장애를 발생시킨다.

제2절 경비

1. 기계경비의 개념 및 구성요소

1) 기계경비의 개념

기계경비는 경비대상시설에 설치된 감지기에서 감지한 경보신호를 경비회사의 관제센터에서 수신하여 현장 출동 등 경보상황에 대응하는 업무로 '무인경비'라는 이름으로 일반인에게 알려져 있다.

기계경비는 기기(기계경비시스템)와 인력(관제 + 출동 + 현장조치 등)이 같이 이루어지는 업무로, 고객대상시설에의 기계경비시스템 설치와 관제센터에서의 경보수신, 출동요원에 의한 현장출동 등의 서비스를 포함하고 있다.

기계경비시스템은 알람모니터링 시스템, 도난경보시스템, 전자경비시스템 등 여러 가지 이름으로 불리어 지고 있다.

기계경비는 침입 및 도난 상황 외에 화재 및 가스누출 상황경보 , 비상통보 등과 같은 이상 상황을 현장에 설치된 각종 감지기에서 감지하여 그 정보를 경보형태로 경비회사 관제센터에 전달하여 이상상황에 적절하게 대응할 수 있게 하므로 다양한 서비스 제공이 가능함.

2) 기계경비의 운영

기계경비는 1981년 한국안전시스템에 의해 일본 세콤사와의 합작투자 형태로 한국에 도입되었으며, 그러한 이유로 기계경비에 사용되는 용어나 운영형태가 일본의 방식과 거의 비슷하다. 기계경비는 유럽과 미국에서 사업적으로 시작되었으나 미국의 기계경비 운영방법은 우리나라와 일본이 적용하는 방법과 다르다. 우리나라와 일본의 기계경비는 아래 그림과 같이 경비회사가 경보신호를 수신하여 경비회사의 출동요원이 1차로 현장대응하고 상황에 따라 경찰에 지원출동을 요청하는 형태로 운영되고 있다.

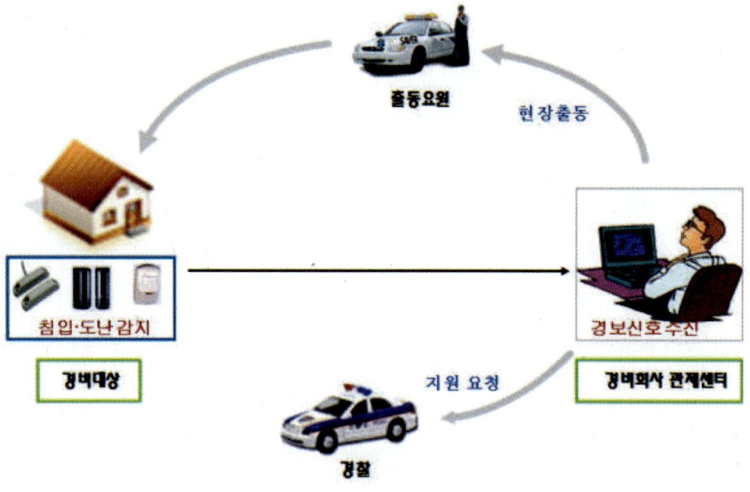

〈기계경비 운용 형태(한국, 일본)〉

미국의 경우 경비대상시설이 광범위하게 산재해 있어 우리나라처럼 경비회사가 직접 출동의 어려움 등으로 인하여 우리나라와 운영바업이 다르다. 경비회사가 경보신호를 수신하고, 경찰에 이상상황을 통보하여 경찰이 직접 현장 대응하는 방법으로 운영된다.

제한적으로 특정한 지역을 단위로 경비회사와 지역시설이 계약하여 경비회사가 운영하는 지역 관제센터에서 경보신호를 수신하고, 경비회사

출동요원이 이상상황에 직접 대응하는 형태로 운영되는 경우가 있는데 이는 그림1과 유사한 형태로 운영되나 한정된 지역을 단위로 하는 일종의 로컬경비시스템형태이다.

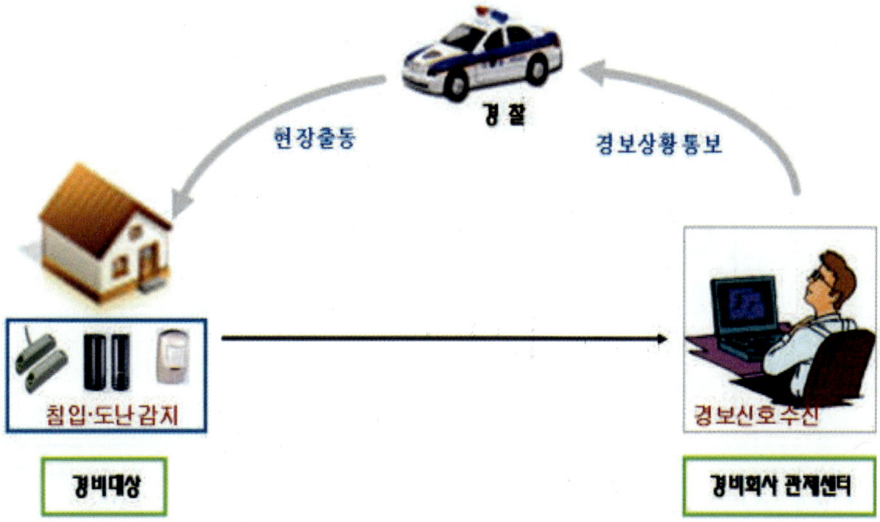

〈기계경비 운영 형태(미국)〉

3) 기계경비시스템의 구성요소

기계경비시스템은 침입행위와 같은 이상상황을 감지하는 감지기, 감지기를 통제하고 경보신호를 전달하는 주장치, 경보신호를 전송하는 통신망, 그리고 경보신호를 수신, 관리하는 관제서버로 구성된다.

감지기와 주장치는 고객 대상시설에 설치되고, 경보수신장치를 포함하는 관제서버는 경비회사의 관제센터에 설치되며, 통신망은 고객 대상시설에서 발생한 경보신호를 경비회사 관제센터로 전달하는 기능을 수행한다.

- 감지기는 경비대상시설에서 발생하는 침입행위와 같은 이상상황을 감지하여 주장치에 신호를 발생시키는 역할을 하며, 출입문이나 창문의 열림을 감지하는 자석 감지기와 공간을 감지하는 열선감지기, 유리창이나 울타리를 감지하는 적외선 감지기, 유리파손을 감지하는 유리파

손감지기, 금고를 감지하는 금고감지기 등 설치위치와 목적에 맞게 다양한 감지기가 선택된다.

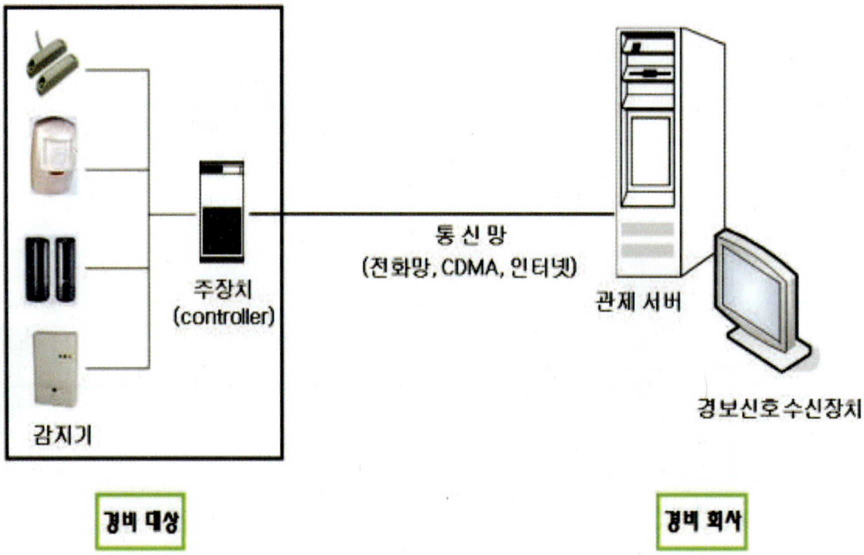

〈기계경비시스템의 구성요소〉

- 주장치는 센서를 통제하고 센서가 감지한 이상신호를 그 정보를 필요로 하는 사람에게 전송하는 역할을 수행하며, 시스템에 24시간 전력을 공급하기 위한 보조전원장치를 포함하고, 경비개시 및 해제 기능을 수행하고, 필요시 경보등이나 경보기를 작동하기도 한다.
- 경비대상시설에서 발생한 경보신호를 경비회사 관제센터로 전송하기 위하여 통신매체를 이용하며, 기본적으로 전화망이 주로 사용되고 있다. 관제서버는 경보신호를 수신하고 경보상황을 조회, 검색하는 기능과 기기조회 등 침입경보 관리를 위한 전반적인 기능을 수행하며, 관제요원은 모니터를 통해 경보신호를 수신하여 출동요원 및 경찰지원 요청과 같은 필요한 조치를 취한다.
- 기계경비시스템은 생명, 재산, 시설물의 안전보호를 목적으로 기계장치를 이용하여 24시간 365일 항상 같은 상태, 같은 조건으로 감시하여

완벽하게 경비목적물을 보호하고 지키는 것이며 크게 구분하면 로켈 기계경비와 무인 기계경비로 나뉜다.

- 방범경보시스템은 경비업의 경비대상시설의 이상 유무를 경비대상시설 이외의 장소에 설치한 관제시설에서 원격으로 감시하고 필요할 때 경비업체의 근무자가 현장으로 출동하여 계약된 업무 혹은 필요한 업무를 수행하고, 사후에 필요한 사항을 기록 유지함으로써 고객에게 안심감, 만족감 및 편의성을 제공하는 시스템이다.
- 시스템 경비는 로컬 기계경비시스템과 무인 기계경비시스템으로 구분된다.
- 침입감지 시스템은 침입상황과 같은 이상상황을 현장에 설치된 각종 센서에서 감지하며 그 정보를 경보형태로 제공하여 이상상황에 적절하게 대응할 수 있도록 하는 시스템을 말한다.
- 기계경비시스템은 기계장치에 의해 감시하고 사람에 의해 조치하는 경비시스템으로 로켈 경비시스템과 무인 경비시스템으로 구분된다.

4) 기계경비시스템의 기능

기계경비시스템의 기본기능은 지연기능, 감지기능, 감시기능, 그리고 대처기능 등 크게 4가지로 구분할 수 있다. 지연기능은 보호대상 또는 관리대상 시설에 불법적인 침입을 방해하거나 지연시키기 위하여 물리적인 저지를 통해 기계경비 서비스를 제공할 수 있는 시간을 확보하는 기능이다. 기계경비시스템의 지연기능을 이용한 지연시간을 예산한 것이다.

구분	지연수단	지연시간	감지수단
1	담장/울타리	8~10초	외곽침입감지시스템
2	정원 / 마당	초당 3m	마이크로웨이브 감지기
3	출입문, 벽, 창문	2분	자석 감지기, 유리충격 감지기
4	실내문	2~4분	자석감지기
5	금고 등 보호장치	3분	열선, 금고 감지기
최대지연시간		9분 20초	

감지기능은 감지기를 이용하여 이상상황을 감지하여 전기 또는 전자적으로 출력하는 것이며 출력되는 신호를 처리하여 경보를 발하거나 신호를 전송하는 기능을 포함한다. 감시기능은 현장감시소 또는 원격감시소 중앙관리센터 또는 관제시설에서 보호대상 또는 관리대상의 이상상황을 감시하고 지령할 수 있는 정보를 얻는 기능이다. 대처기능은 대처지시에 따라 기계경비업자가 경비대상 또는 관리대상 시설의 이상 발생구역 또는 영역의 현장에 출동하여 인명을 보호하고 재산의 도난 화재 등 위험발생을 방지하는 업무를 수행하는 기능이다.

5) 로컬 기계경비시스템

로컬 기계경비시스템은 소수의 경비원으로 적합한 감지기와 감지된 장소의 영상을 볼수 있는 CCTV시스템을 이용하여 자체의 중앙관제센터에서 감시, 관리하고, 외부 침입자에 의해 침입신호가 중앙관리센터에 수신되면 상주 경비원이 출동, 대처하는 시스템을 말한다. 로컬 기계경비시스템은 일반적으로 학교, 공장, 공항 ,항만 등 대규모 시설이에 주로 사용한다.

로켈기계경비시스템의 구성은 감지장치, 경보장치, 주장치 , 확인장치, 통제장치, 현장요원 등으로 구분할 수 있다.

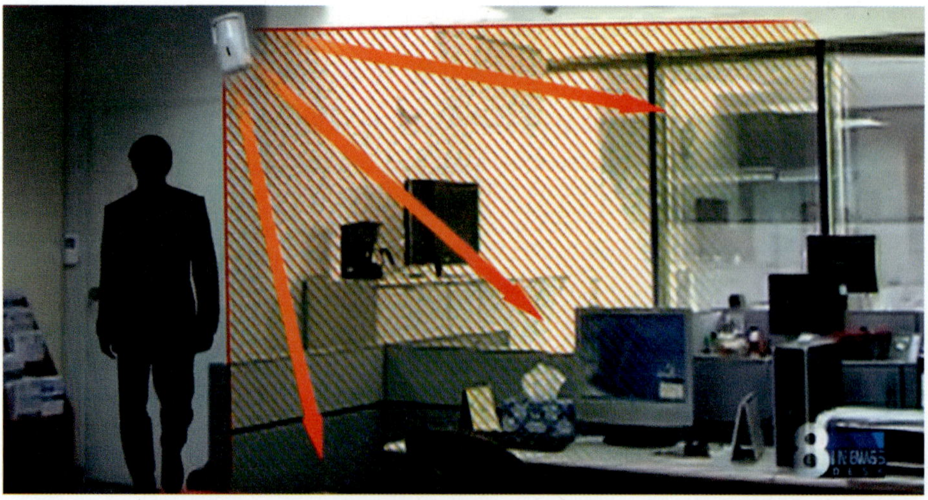

〈모션센서 감지기〉

감지장치는 자석감지기, 열선감지기, 유리 감지기, 금고감지기, 충격감지기, 진동감지기, 초음파감지기, 마이크로웨이브 감지기, 적외선 감지기 등 방범용 감지기와 화재용 감지기, 가스감지기 등 방재용 감지기 등의 기기로서 사람을 대신하여 침입, 화재 등 이상유무를 감지한다. 확인장치는 감지장치가 통제장치로 보내오는 이상유무에 대한 신호를 확인하기 위한 기기로서 CCTV 시스템이 대표적인데 카메라가 사람을 대신하여 주요 장소에 대한 영상정보를 모니터에 제공하여 사람이 현장을 감시할 수 있도록 한다.

통제장치는 감지기의 감지신호나 CCTV의 영상신호를 방범, 방재 등 목적에 따라 처리하는 기기로서 사람이 상주하는 경우가 많다. 경보장치는 감지기나 CCTV에 의한 이상신호에 따라 통제장치의 지시에 의해 경보를 발생하는 기기로서 비상등, 사이렌 등이 이에 해당한다. 현장요원은 이상이 발생한 장소에 출동하여 후속조치를 하거나 정기, 부정기 순찰 등 예방활동을 수행한다.

6) 무인기계경비시스템

무인기계경비시스템은 사람없이 기계가 경비를 시스템에 의해 실행한다는 의미로, 무인기계인 카메라에 의해 각종 감지기 및 컨트롤러를 설치한 다수의 감시장소에 경비원을 배치하지 않고, 감시장소에서 발생된 이상신호가 관제시설에 수신되면, 관제시설에서는 출동차량으로 지령하고 출동차량이 출동하여 대처하는 시스템으로 경비시설물을 무인화로 운영하며 모든 발생 상황에 대한 내용은 통신회선을 통해 관제시설로 송신하여 관리하고 방범, 화재, 가스, 비상 등의 서비스를 제공한다.

2. CCTV 시스템

1) CCTV시스템의 개요

CCTV 시스템(Closed Circuit TV : 폐쇄회로 TC)의 분야는 감시 대상체를 전기적인 신호로 변환하기 위한 고체 촬상 소자 카메라(CCD Camera)와, 복수의 카메라 신호를 임의의 모니터에 디스플레이해주는 영상 신호 전환기(Matrix Switcher)류, 4대의 컬러 카메라 신호를 한 대의 모니터에 디스플레이해주는 컬러 4화면 분할기(Quadratic Displayer) 등이 일반적인 제품들이다. 또한 적용분야도 주로 빌딩 감시, 공장 외곽 감시, 주차장 감시 등의 단순 감시 제어 등과 같은 용도에 이용되어 왔다. 따라서 기존의 CCTV에 대한 인식은 침입자에 대한 감시 기능과 범죄 예방 차원의 단순 개념에서 벗어날 수 없었다. 한편, 현대는 정보화 시대이면서 서비스의 시대이다.

기술의 발전은 “제품의 질이 특성을 좌우하기 보다는 질은 기본이 되고, 이 제품이 사용자에게 얼마나 많은 정보를 서비스 개념으로 사용자에게 제공할 수 있는가”의 여부가 제품의 특성을 판단하는 기준으로 바뀌어 버렸다. 즉, 제품이 가지고 있는 서비스 기능(예를 들면, 사용자 인터페이스)이 어떤 방법으로 사용자에 제공되는가에 따라서 제품의 특성이 좌우된다. 이렇듯 기술의 발전은 멀티미디어 시대를 앞당겨 가전 및 산전 분야에서 급속한 환경의 변화를 가져왔다.

과거에는 상상할 수도 없었던 것이나 혹은 기능의 구현이 어려웠던 것이, 현재는 멀티미디어 기술의 등장으로 가능하게 되었는데, CCD 카메라의 경우, 과거의 제품은 단지 신호를 출력하여 모니터에 디스플레이해주는 기능이 일반적이었으나, 근래의 카메라는 전자 스틸 카메라, PC와의 통신이 가능한 멀티미디어용 카메라 등으로 사용 영역이 확대되었고, 기술의 변화뿐만 아니라 응용분야 또한 예측하기가 어려울 정도이다. 이러한 환경의 변화속에서 CCTV의 기술은 멀티미디어 기술과 맞물려 시큐리티 분야뿐만 아니라 산업용 전기, 전자 부문에서 그 중요성을 더해가고 있다.

2) 촬상부

촬상계는 TV 카메라를 주체로 하는 것이며, 목적에 따라 선택할 카메라의 종류, 렌즈의 종류, 필터의 종류 등이 결정되고, 다음에 이 카메라를 고정하기 위한 설치 브래킷(Bracket), 카메라 하우징(Housing) 등이 필요하게 된다. 그 외에 카메라 본체, 렌즈, 카메라와 피사체의 상호 위치 관계를 원격제어할 경우에는 주변기기가 포함된다. 촬상계는 단순히 카메라의 본체만을 설치하는 것이 아니라 '피사체를 정확하고 확실하게 촬영할 것인가?' 라는 관점에서 부속 설비를 선정하고, 또 '카메라 본체를 설치한 환경 조건으로부터 어떻게 보호할 것인가?'에 대한 배려가 필요한데 이것이 CCTV 시스템 전체의 품질을 결정하는 요인이 된다.

3) 전송부

화상을 이용할 목적 지점까지 영상 신호를 전송하는 것이 전송계이며, 유선 전송과 무선 전송으로 크게 나누어진다. 통상 CCTV의 경우에는 한정된 목적을 위해 사용되기 때문에 유선에 의한 것이 많으며, 무선의 경우에는 무선 주파수의 할당을 필요로 하기 때문에 실제로는 그 실시가 특수한 목적으로 한정되어 있다. 유선 전송의 경우에도 영상 신호를 그대로 전송하는 베이스 밴드 (Base Band) 전송이 일반적이며, 영상 신호를 변조하여 반송파에 실어서 전송하는 반송파 전송, PCM 전송, 광통신 전송 등이 사용된다.

4) 수상부

화상 처리계 전송되어 온 영상 신호를 수신·재생하는 것이 수상계이며, 단지 인간의 시각에 의해서만 사용되는 경우는 드물고 시스템과 연계하여 화상의 가공, 기록, 재생 등 정보처리 장치에 의한 화상 처리계와 함께 널리 사용된다.

5) 제어부

CCTV 시스템을 대형 시스템으로 구성할 경우, 처리해야 할 정보량은 증가하게 된다. 예를 들어서 카메라의 수가 증가되어 제한된 모니터에 영상을 재생하고자 할 경우, 일정한 순서에 의해서 영상을 수상계에 재생할 필요성이 생기고 알람 시스템(Alarm System)과 연동해서 시스템을 구성할 경우, 알람 발생 화면을 수상계에 재생 및 기록해야 한다. 이런 모든 과정을 제어하기 위하여 제어계는 필수 요건이 된다. 근래에 발표되는 CCTV 시스템은 이 제어계의 기능이 향상된 시스템들이 많이 발표되고 있고 이 제어계의 성능에 따라 시스템의 성능이 좌우된다.

3. 출입통제 시스템

1) 출입통제시스템의 개요

본 시스템은 출입통제설비에 관한 중앙관제 장치, ACU, 카드리더, 전기정 등의 기기로 구성되며, 시설의 출입보안을 위해 출입문에 대하여 물리적 통제 장치를 설치하여 비인가자에 의한 시실 내 출입 및 이동을 제한하고 출입자에 대한 출입 모니터링 및 출입이력을 관리하여 외부인 및 비인가자에 의한 보안피해를 방지하기 위한 시스템이다.

방사선 융합센터 출입통제시스템은 기존 운영중인 파워플랜트 서버에 통합 운영되어지며, 본관 보안실에서 관리가 가능토록 구성하여야 한다.

2) 출입통제 구성요소

본 시스템은 통합방범설비 범위 중 출입통제 시스템에 관한 규격으로 인원의 출입을 통제하고 건물 내 시설물을 보호하기 위해서 크게 중앙관제 장치, 출입제어기(ACU), 카드리더, 각종 제어기기로 구성된다.

(1) 중앙관제 장치

중앙 관제 장치는 운전원이 영상표시 장치 등과 같은 시스템을 통하여 건물 설비를 통합 관제하는 중앙 관제실에 설치되는 제반 장치를 말하며, 출입통제Station PC, 출입통제 Software, 주변장치 및 사람과 기계간의 모든 대화 장치 등을 포함한다.

(2) 출입제어기 (ACU)

건물 내, 현장에 설치되어 각종 설비를 직접 제어하는 디지털 처리, 각종 설비 데이터를 모아 각 장비 및 기기를 직접 제어하는 독립적인 분산 처리 기능을 가지며, 그 데이터를 다른 출입제어기(ACU) 또는 중앙관제 장치로 송출하는 기기를 이른다.

(3) 제어기기

카드리더, 퇴실버튼, 도어락 등에 해당하는 기기로써, 출입제어기(ACU)에 연결되어 설비에 대한 실제 데이터 제어를 담당하는 기기이다.

3) 출입통제 운영기능

(1) 시스템 운영 기능

범용적인 비주얼 스크립트 문장 작성으로 사용자가 원하는 기능을 화면에 구성하여 그래픽 화면 상에서의 출입통제 관제점에 대한 감시/제어가 용이하여야 한다.

① 사용자 중심의 그래픽 화면 상에서의 관제점 감시/제어 기능

㉮ 시스템의 효율적인 운영이 가능하도록, 현장의 그래픽 화면에 설비 및 기기의 관제점은 아래와 같은 방식으로 데이터를 나타내어 감시/제어할 수 있어야 한다.

- 관제점 값 텍스트 표시, 상태 색깔 표시 및 점멸에 의한 관제점 데이터 표시
- 관제점 상태에 따른 심볼의 애니메이션에 의한 관제점 상태 표시
- 지시계, 스크롤바, 차트 그래프에 의한 관제점 데이터 표시

- 푸쉬 버튼에 의한 다른 그래픽 호출 및 응용 프로그램의 실행
- 콤보 박스, 체크 박스에 의한 관제점 감시/제어
- 출입통제 설비와 일반 설비 관제점 데이터의 하나의 화면에 동시 표시 기능
- 그래픽 화면 내에 워드 같은 문서 파일 및 인터넷 웹 브라우저 화면의 표시
- 사용자의 원하는 기능을 범용적인 비주얼 스크립트 문장 작성을 통해 다양한 방법으로 관제점을 감시/제어 처리하는 기능

② 기본적인 관제점 감시/제어 기능

- 각각의 모든 개별관제점 별로 운전원의 제어권한등급을 설정하여 제어가 가능해야 한다.
- 운영자는 각각의 관제점 별로 255 등급 이상까지 제어 등급을 설정할 수 있어야 하며, 해당 관제점을 제어하는 경우에는 제어 등급이 높은 운영자만이 관제점을 제어할 수 있어야 한다.
- 관제점 제어 시, 일정 시간 내에 원하는 제어값에 도달하지 못하면, 제어 실패 경보를 발생하여 제어 실행 여부를 알 수 있어야 한다.

③ 출입제어 설정 및 관리 기능

- 출입제어와 관련된 출입구역 및 출입기간, 이 두개의 데이터를 조합하여 설정하는 출입등급에 대한 설정 기준은 출입시스템의 구성이 용이하도록 아래의 기준을 만족하여야 한다.
  1. 설정 가능 출입 구역 수 : 1024 이상
  2. 설정 가능 출입 기간 수 : 256 이상
  3. 설정 가능 출입 등급 수 : 1024 이상
  4. 설정 가능 사용 가능 카드 수 : 100,000 매 이상
- 카드소지자 관리를 위한 신상명세 등을 입력/편집할 수 있는 기능이 있어야 한다.

4) 출입통제 경보기능

(1) 시스템에서 발생되는 모든 경보는 화면 및 프린터, 경보음을 통하여 운전원이 즉시 알 수 있어야 하며, 발생된 모든 경보는 기록으로 저장되어야 한다.

(2) 발생 경보에 대한 조치 메시지를 설정할 수 있어야 하며, 경보 발생 시, 메시지를 통하여 경보를 조치할 수 있어야 한다.

(3) 관제점 경보 발생 시, 해당 관제점이 있는 그래픽 화면을 자동으로 나타낼 수 있는 기능이 있어야 한다.

(4) 유지보수의 편이를 위해 시스템을 운영하면서, 개별 관제점 별 경보 발생 금지 뿐만 아니라, 일시적으로 전체 시스템에 대한 경보도 금지할 수 있어야 한다.

(5) 시스템을 분리 운전 시, 관제점 별로 경보 분리 운전이 가능하여야 한다.

(6) 경보는 효율적인 관리 및 중요도에 따라 우선순위 관리 및 표시가 가능해야 하며, 64개의 등급 이상으로 우선순위를 부여하여 관리할 수 있어야 한다.

(7) 하나의 출입 제어 용 디지털 관제점은 8 가지 종류의 상태까지 정의가 가능하여야 하며, 각각의 상태에 대하여 경보를 설정할 수 있어야 한다.

(8) 발생된 경보에 대하여 운전원이 조치한 내역을 기록으로 저장하여, 시스템 운영 관리자가 차후에 확인할 수 있는 기능이 시스템 내에 있어야 한다.

(9) 이때 경보를 조치하여 정상 복귀되기 전에는, 해당 조치 내역을 작성할 수 없어야 한다.

5) 출입통제시스템의 보안기능

(1) 운영 시스템의 철저한 보안을 위하여, 운영자에 대하여 기본 6 개의 등급을 부여하여, 시스템을 차별 운영할 수 있고, 각 6개의 운

영자 등급 별로 관제점 제어를 위한 제어 등급을 부여하여 시스템을 운영할 수 있어야 한다.

(2) 운전원명 및 비밀번호의 오류 입력으로 시스템을 기동하지 못하는 경우에는 정해진 기동 시도 횟수 내에서만 시스템 기동이 가능해야 한다.

(3) 시스템에 사용되는 비밀번호는 정기적으로 반드시 변경해야 하고, 같은 비밀번호는 재사용할 수 없게 하는 기능이 있어서, 시스템의 보안을 철저히 할 수 있어야 한다.

(4) 시스템 운영 설정 시간에 따라, 설정 시간이 경과하면 시스템 사용이 자동 중지되어야 한다.

(5) 지정된 시간 동안 운전원이 아무 입력이 없을 경우에, 시스템은 자동으로, 사용 중지 되거나, 운전원 등급이 아래 등급으로 내려가야 한다.

(6) 운전원은 해당되는 운영 컴퓨터만 운영 가능하도록 제한할 수 있어야 하며, 운전원에 대하여 시스템 운영 시간을 부여하여, 시스템 운영을 제한할 수 있어야 한다.

(7) 시스템 기동 시, 초기 화면에 의해, 운전원 별로 분리 운전을 할 수 있어야 한다.

(8) 1,000개 이상의 분리 운전 영역 그룹 설정에 의해 분리 운전이 가능하여야 한다.

(9) 효율적으로 분리 운전을 할 수 있는 관제점 분리 운전 그룹 영역을 만들어, 운전원 별, 운영 컴퓨터 별, 설비 구역 별로 지정하여 분리 운전을 할 수 있어야 한다.

(10) 분리 운전은 현장 그래픽 화면, 발생 경보, 관제점 등을 분리 운전할 수 있어야 한다.

(11) 강제로 시스템을 운영해야 하는 경우 또는 응급 사태 발생시에, 정상적인 운영 상황이 아닌 상태에서 시스템을 기동하여 운영한다는 것을, 다른 운전원에게 알릴 수 있는 기능이 있어야 한다.

(12) 운영자 별로 설정한 운영 시간만큼만 시스템 운영이 가능한 기능이 있어야 한다.

6) 출입통제 장비

(1) 출입통제제어기(Access controller Unit)

① 개요

본 기기는 분산 처리 방식의 지능형 출입 제어 Panel 이어야 하며, 구축된 Database를 이용하여 인가자의 출입허가 여부를 Door 제어회로에 명령을 주며, 하위 시스템과 LonWorks 통신에 의해 Data를 수집하는 장비로써 다음과 같은 규격에 준한다.

② 기능 및 특성

㉮ 출입구 개폐 명령 출력 및 Main System과 정보 교환
㉯ 카드리더, Lock 등의 Local 기기 접속 및 제어
㉰ 독립 운전 / On-Line 운전 기능
㉱ 해당 컨트롤러의 동작 불능 시 타 컨트롤러에서 기능 수행 가능(Redundancy 기능 - 옵션사항)
㉲ 하부 장비와의 통신 : LonWorks
㉳ 중앙관제 장치와의 통신 : TCP/IP, Ethernet, Peer-to-Peer 통신 지원

③ 사양

㉮ Access Control Location : 16
㉯ Card Holder : 100,000
㉰ 휴일지정 기간 : 30일
㉱ Time Periods : 32
㉲ Behaviour Level : 512

㉶ Microprocessor : TS2 32bit Processor

㉷ 통신방식 : LonWorks, TCP/IP Ethernet

㉸ Input/Output : 최대 64EA

㉹ 보조입력 : 4/4(Input/Output), 2/2/2(Wiegand/Input/Output)

(2) 출입통제제어기 전원공급기

① 개요

본 기기는 LonWorks 통신을 하는 출입통제 장비에 대한 전원을 공급하는 장비로써 다음과 같은 규격에 준한다.

② 기능 및 특성

㉮ 각 장비에 대한 안정적인 전원공급 (락전원 제외)

㉯ 전원 및 배터리 상태 제공

(3) Wiegand Interface Module

① 개요

본 기기 Wiegand 인터페이스 방식의 카드리더를 ACU와 연결하기 위한 인터페이스 모듈로 ACU와 Lon Works 통신으로 연결이 되며, 2개의 I/O 입출력 포트를 통해 ACU로부터 전달된 제어 신호를 통해 출입문을 개/폐하는 제어기능을 가진 장비로써 다음과 같은 규격에 준한다.

② 기능 및 특성

ACU와 LonWorks 통신 구성

③ 사양

㉮ 통신속도: 78Kbps

㉯ 전송거리: Bus 구성 시 최대 2,200m / Star 구성 시 최대 300m

㉰ Wiegand Input: 0~+5V

㉱ LED & Buzzer 출력 : 2ch (각 채널당 0~14V,80mA max)

㉮ 2 Sensor Interface Input (Normal, Alarm, Line open, Short circuit)

㉯ 2 Relay Output

㉰ 입력전원: 12VDC ±20%, 70mA (Extrnal loads excluded)

㉱ 출력전원: 12VDC ±20%, 80mA (per Wiegand channel)

㉲ IP등급: IP31

(4) 카드리더기

① 개요

본 기기는 인가된 출입자의 ID-CARD에 기록된 DATA를 판독하여 ACU로 전송하고 해당 입출력 장치와 연동하여 출입통제 기능을 수행하는 기기로써 다음과 같은 규격에 준한다.

② 기능 및 성능

㉮ RF카드를 근접 시켰을 때 주파수를 통해 정보 수신

㉯ 허가된 카드일 경우 녹색 LED 점등

㉰ 출입자 카드의 정보 전송 및 출입/통제 여부 판단

③ 사양

㉮ 인식거리: 11.4m

㉯ 전송 주파수: 13.56MHz

㉰ ISO: 15693, 14443A, 14443B 지원

㉱ 온도: -35℃ ~ +66℃

㉲ 습도 : 5% ~ 95%

㉳ 동작 전원: 10 ~ 16VDC

㉴ 소비전력: 평균 78mA, 최대 234mA

㉵ 출력방식: Wiegand

㉶ 크기: 83.8(W) x 12.19(H) x 2.16(D)mm

㉷ IP등급: IP55

㉸ 인증: UL/cUL, FCC, CE, Canada Radio, Australia

(5) Magnetic Lock

① 개요

락 본체와 아마추어 플레이트의 전기적 자성작용을 이용하여 출입문의 잠김, 열림 상태를 제어하는 자석 잠금장치로써 다음과 같은 규격에 준한다.

② 기능 및 특성

접점을 이용하여 문의 열림/ 닫힘 상태 모니터

방화문, 유리문, 목재문 사용

③ 사양

㉮ 인장력: 350Kgs

㉯ 12DCV/ 500mA, 24DCV/ 280mA

㉰ COM, NO, NC, 접점

4. 외곽침입감지시스템

1) 외곽침입감지시스템 개요

외곽침입 감지장치는 보호대상 특정시설의 외곽에 위치한 경계시설에 설치하여 외부의 침입을 감지하는 장치를 의미한다. 기본적으로 진동 감지를 중심으로 하며 전장 또는 자장에 의한 감지도 병행한다. 외곽침입 감지장치는 독자적으로 설계할 수 없고, 경계시설에 부착, 고정하여 사용하며, 욍곽침입감시 프로세서에 감지한 신호를 지속적으로 전송하고 외곽침입감시 프로세서의 명령을 수행하기도 한다.

외곽침입 감지장치는 외곽침입 방지펜스의 형태에 따라 결정되는데 일반담장에 설치되는 형태는 적외선 감지기, 마이크로웨이브 감지기, 그리고 두가지가 혼용된 콤비네이션 감지기 등 방범용 감지기가 주로 사용되며, 펜스에 적용되는 형태는 펜스 진동 감지기, 광케이블 감지기, 전장 감지기, 커패시턴스 감지기, 장력 감지기 등이 있고, 지중에 적용되는 수평 전장 감지기, 매설형 케이블 감지기 등이 있다. 외곽침입 감지장치와는 별도로 외곽침입 감지장치를 설치하는데 필수적인 시설인 외곽침입 방지펜스에 대한 이해가 필요하다. 외곽침입 방지팬스는 그물형 펜스, 금속장식형 펜스, 목재형 펜스, 콘크리트 또는 블록형 펜스 등으로 구분하며, 가시형 철선, 면도날형 철선 등이 추가적으로 설치 될 수 있다.

2) 외곽침임감지장치[42)]

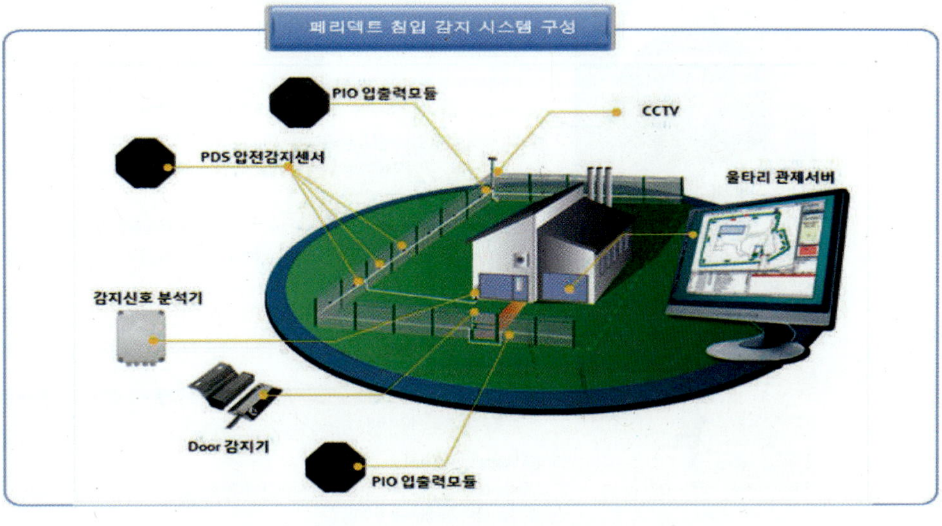

42) http://aiviewtech.com/?page_id=1286

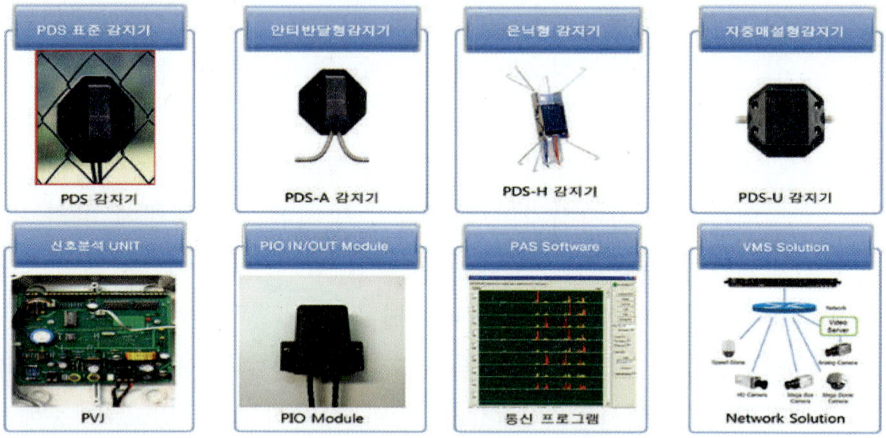

외곽 침입 감지 시스템

무선 송수신 시스템

최대 200m까지 완벽한 보안을 실현시키는 무선 송수신 장비

- 무선통신 송수신 장비는 보호구역에 따라 **50m, 80m, 120m, 200m**에서 감지가 가능한 디지털 전송 장비이다. 무선 송수신 장비는 의 마이크로 프로세서는 퍼지이론을 바탕으로 시그날 신호를 분석하며, 이는 **최소의 오작동과 최고의 감지율을 지닌** 무선 송수신 장비는 이다.
- 보안구역내 움직이는 물체가 감지가 되었을 때 무선 송수신 장비는 **침입의 의도가 있는 사람인지, 침입의 의도가 없는 물체인지를 분석**하며, 저장되어 있는 신호와 비교하면서 계속적으로 움직임과 모양을 측정한다. 무선 송수신 장비의 sensor는 침입자의 걷거나, 달리거나, 기어가거나, 구르거나 하는 등의 모든 행위를 감지할 수 있다.
- 수신 신호의 변화나 모든 이벤트들은 메모리안에 날짜와 시간을 표시하여 저장이 되며, 차후에라도 감지된 화면의 그래프적인 분석이 가능하다. 감지구역 내 감지된 물체로 인해 발생한 파형을 비교해 침입을 위한 사람과 이외의 물체를 비교, 파악할 수 있다.
- 특히 무선 송수신 장비는 는 16개의 채널을 이용 크로스 설치를 하여 완벽한 보호 구역을 만들 수 있으며 소프트웨어를 이용하여 현장에서 뿐만 아니라 원격지에서도 무선 송수신 장비를 설정 및 관리를 할 수 있다. 무선 송수신 장비는 이와 같은 고도의 기술로 인해 중요한 보안을 요하는
- **지역이나, 핵발전소 , 교도소 , 군부대, 화학공장, 산업지대 등에 최적의 장비이다**

[환경 변화에 자동 조절]

보호지역의 환경 온도와 온도의 변화를 실시간으로 체크함으로써 잘못된 경보를 막고, 또한 환경적인 변화에 의해 발생하는 신회의 차이를 스스로 조절한다.

[16 Channels 주파수 사용]

16 channels을 가진 무선 송수신 장비는 각 장비마다 고유 주파수를 지니고 있기 때문에 무선 송수신 장비간의 주파수의 혼선을 방지하여 고장의 가능성을 막을 수 있다.

외곽 침입 감지 시스템

'출입통제 시스템

공항, 인텔리전트빌딩, 산업시설, 연구소등 높은 보안과 복잡한 관리가 필요한 곳에 사용되는 통합보안관리 출입통제시스템이다.
LAN/WAN 연결을 통해 분산된 관리가 가능하며, CCTV시스템과 연계하여 보다 효과적인 보안 시스템을구축 할 수 있으며 비상 시에도 안정적인 운영이 가능하여, 강력하고 신뢰성 있는 보안 시스템을 구축 할 수 있음.

IP기반으로 전체 시스템을 구성하고 장치간 통신은 RS485 및 Wiegand 인터페이스를 활용.

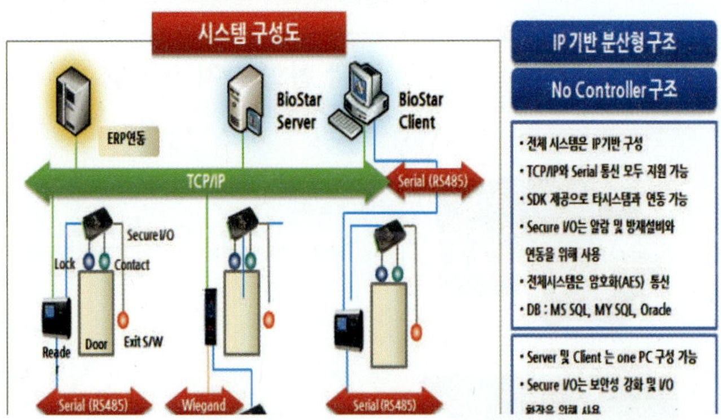

외곽 침입 감지 시스템

울타리 감지 시스템

울타리 감지 시스템은경계구역의 외부 침입에 대하여 효과적이고 혁신적인 울타리 감지 장비 임.
시스템은 7개의 서브시스템과 초소형 3D 센서 등으로 구성되며, 1개의 마스터센서와 6개의 슬레이브 센서로 되어 있다.
마스터 센서는 각 센서의 신호를 받아서 이상유무 위치를 결정하여 알려줍니다.

외곽 침입 감지 시스템

레이저 검출 시스템

레이저 검출 시스템은 센서에서 방출되는 400Hz의 레이저 파장은 우리눈에 절대적으로 안전하게 제작되어 있습니다.
물체의 반사 파장을 감지하여 , 정확한 위치를 제공함으로써, 다양한 알림 설정이 가능합니다.
예) 국가 주요 시설 외곽 , 주요 빌라단지 외곽 , 주요 교량 홍수방지, 요트 주요시설 외곽 출입

레이저 검출 시스템은 독립적인 역할을 수행 할 수 있음과 동시에 서버를 통해 연결된 IP카메라와 더불어 시스템으로 구성할 수 있습니다.
Ethernet 케이블로 더욱 손쉽게 설치 가능하며, 쉽게 설정 가능한 인터페이스 구성으로 빠르고 편리한 네트워크 통합 시스템을 구축할 수 있습니다.

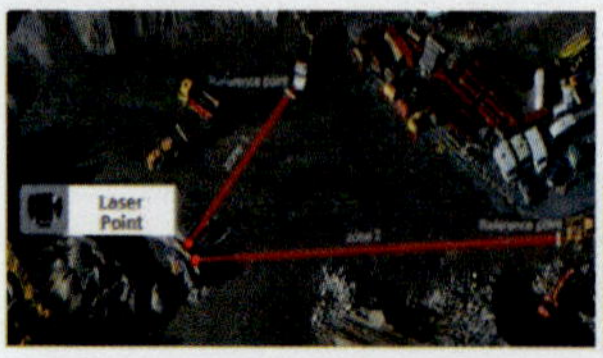

5. 홈시큐리티 시스템

1) 홈시큐리티 개념

인터넷의 확산과 주거환경의 변화로 아파트내에 초고속 정보통신망이 구축된 cyber아파트가 보편화 되었다.

2) 홈시큐리티 구성장치

- 도난경보 : 경계상황에서 각종 감지기에서 발생하는 이상신호와 카메라에 포착되는 영상신호가 주장치를 통해서 통해 관제실로 통보
- 화재경보 : 화재발생시 경보 및 통보
- 가스경보 : 가스누출시 경보 및 통보
- 구급신고 : 응급환자 발생시 비상버튼을 작동하여 구급요청 및 긴급출동
- 비상통보 : 침입자 발견 즉시 비상버튼을 눌러 신고
- 음성인식 및 교신 : 긴급상황시 현장의 음성을 청취 및 회원과의 교신으로 관제실에서 상황을 직접통제 동영상 통보 및 원격지 전송 : 인터넷 망을 통하여 PC, 휴대폰, PDA로 현장상황을 실시간 영상확인
- 가전생활용품 원격제어 : 외부에서 PC나 휴대폰, PDA로 현장상황을 확인 후 원격제어
- 공동현관 제어 : 세대 또는 관제실에서 출입자의 신원을 영상으로 확인 및 원격제어
- 주차 관제 시스템 : 효율적인 주차 관제 시스템을 이용 외부 차량 및 출입 차량 관리 및 지하주차장의 위험으로부터 보호하는 것이다.
- 원격 감시 제어 시스템 : 감시물에 대한 영상, 방범/방재, 출입통제 센서 등의 감시정보를 실시간으로 기존의 네트워크나 인터넷망을 통해 사용자가 원하는 화면분할 형태로 동시에 모니터링하고 감시제어 할 수 있는 보안 시스템이다.
- 놀이터 및 공원의 안전 확보 : CCTV/DVR 설치로 실시간 감시 가능

6. 기계경비시스템 오경보

기계경비의 오경보로 인해 경비회사, 경찰 등 혼선을 빚는 경우가 많다. 기계경비회사가 해결해야 할 중요한 과제로 오경보 개선을 위한 다양한 노력이 진행되고 있지만 오경보는 기걔경비 시스템을 구성하는 기기 뿐 아니라 운영시스템 사용자 등 다양한 요인에 의해 발생하므로 분야별 오작동 최소화를 위한 방안이 필요하다.

대부분의 오경보는 고객의 실수에 의해 오경보가 가장 많이 발생했으며, 기기이상 이나 환경적 요인에 의해 발생하는 오경보는 중소업체에서 높게 나타났는데, 이는 신뢰성이 낮은 기기의 사용과 기기를 설치하는 업체의 전문성 부족과 연관성이 있다.

제 3 장 드론경비시스템

1. 드론방범시스템

2. 드론정찰시스템

3. 드론출입확인시스템

4. 드론외곽침입시스템

5. 드론 홈시큐리티시스템

6. 공세적 드론운용

제3장 드론경비시스템

1. 드론방범시스템

드론으로 방범을 한다는 것은 인력경비와 기계경비를 대처 할 수 있는 시스템을 말한다. 드론으로 경비원의 반복되는 행동에 대한 역할인 순찰근무다. 경비원은 동일한 경로를 따라 확인 포인트로 이동하고, 완료시 실내로 돌아간다. 순찰간 사람의 5감인 시각, 청각, 후각 등을 활용하여 시설물의 이상유무를 확인한다. 기계경비분야인 CCTV, 감지기의 기능으로 침입자를 확인하고, 감시한다.

이러한 경비원과 CCTV, 감지기의 기능을 드론으로 임무수행이 가능하다. 정해진 경로를 따라 순찰이 가능하다. 전자지도의 화면에서 순찰하고자 하는 지점을 찍고, 자율비행을 시작하면 경로를 따라 비행하게 된다. 이때 녹화기능까지 되며, 의심나는 물체나 사람이 있으면 접근하여 확인도 할 수 있다. 사람이 갈수 없는 장소에서의 촬영도 가능하고, CCTV, 감지기와 같이 벽에 부착되지 않고, 보안을 유지한 가운데 침입자의 식별도 가능하겠다. 감지기는 사람의 5감을 대처하기 위한 기계장치인데 사람의 역할을 하는 드론이 순찰을 한다면 감지기가 필요할까? 이러한 시스템은 민간보안업체에서 추진중이다. 아래 그림을 보면 알 수 있다.

드론은 무선으로 동작하기에 카메라 센서를 부착하고, 위치, 온도, 밝기 등의 센서를 탑재할 수도 있다. 드론이 순찰중 자체영상분석이나 움직임 또는 화재를 감지하면 고객의 스마트폰으로 통보되고, 중앙상황실로 사진과 영상이 전송되어 출동대원이 출동하게 된다. 이와 연계하여 경찰, 소방, 군 등 관련 공공기관에서 확인해서 출동하게 된다.

2. 드론정찰시스템

시설경비에 있어 주변상황을 경계하는 측면에서 수색정찰을 정기 또는 수시로 행하고 있다. 정찰을 통해 주변동향에 따른 상황판단을 하고, 이에 신속히 대처해야 각종사고와 거수자로부터 침입을 예방 할 수 있기 때문이다.

이때 정찰은 사람이 한다면 장애물이 있을 경우 눈으로 볼 수 있는 거리와 시야는 제한적이라고 할 수 있다. 그리고 노면이 불안정하고, 진흙, 늪, 호수, 계곡 등 사람이 걸어서 확인 할 수 없는 지형에서는 더욱더 정찰하기는 어렵다. 이때 드론을 이용한다면 모든 문제점을 해소 할 수 있다. 무작정 정찰하는 것은 배터리가 한정되어 있는 드론에게 불리한 약점이 있기에 계획적이고 체계적인 정찰비행이 필요하겠다. 정찰에는 원주비행정찰, 바운스비행정찰, 전후진비행정찰, 군집비행정찰 등이 있다.

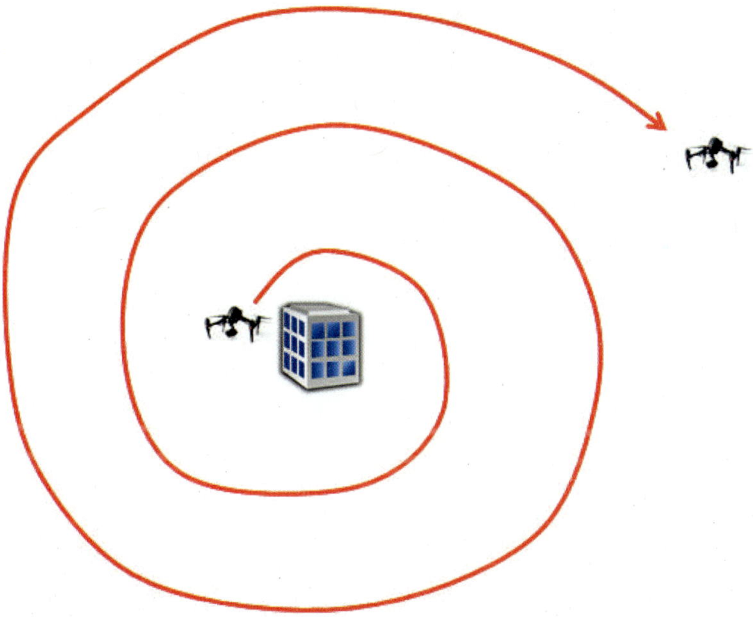

〈원주정찰비행〉

원주비행정찰은 원점을 중심으로 점차 큰 원을 그리면서 비행하는 것으로 거수자의 위치파악이나 증거자료를 찾는 것으로 식별되었을 경우 즉시 정찰비행에서 추격비행으로 전환하여 거수자의 위치를 지속적으로 파악해야 하겠다.

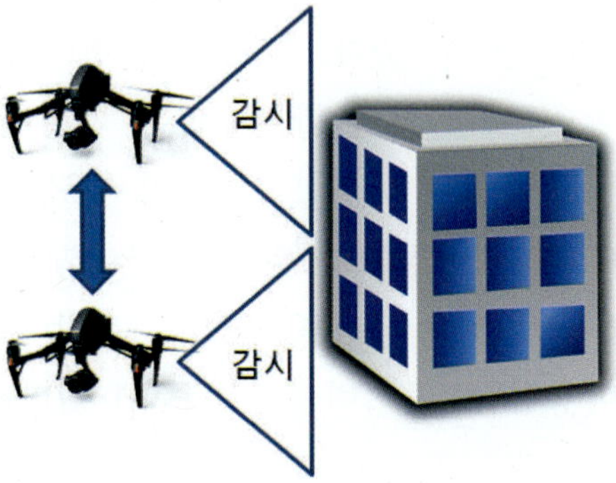

〈바운스 정찰비행〉

바운스 비행은 상하비행하는 것으로 거수자 또는 의심나는 부분을 정찰하는 방법이다. 의심나는 부분에 대해 열화상카메라를 이용하여 내부 사람의 위치를 확인하거나, 화재발생시 상황파악, 건물내부의 정밀확인, 드론에 LED 장착시 조명지원등을 할 수 있다.

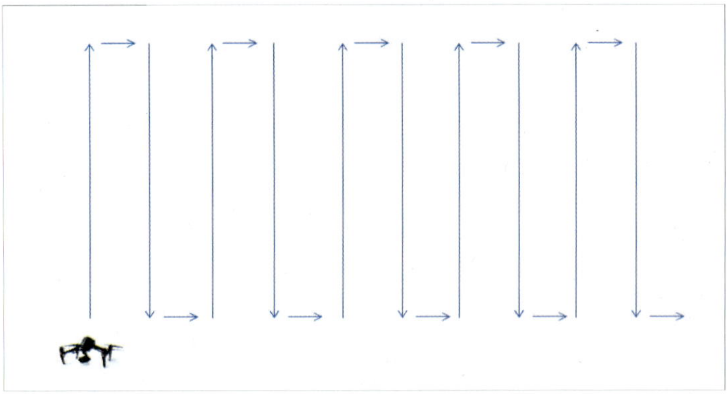

〈전후진 정찰비행〉

전후진정찰비행은 광범위한 구역에서의 정밀정찰하는 방법으로 드론에 대한 각각의 구역을 정해서 정밀수색하는 방법으로 직진비행후 좌우측으로 일정거리를 이동하여 후진비행하고, 지속적으로 직진후진비행을 하며 정찰구역내에 상황들을 파악한다. 이때 카메라는 주야간에 따라 부착활용 해야 하겠으며, 배터리용량을 고려하여 정찰이 끝난지점을 확인하고, 배터리 교환시 다시 종료했던 위치로 비행후 계속적으로 정해진경로를 지속적으로 비행해야 하겠다. 비행중 특이사항 식별히 근접비행하며 상황을 파악하여 상황실에서 파악할 수 있도록 해야 한다.

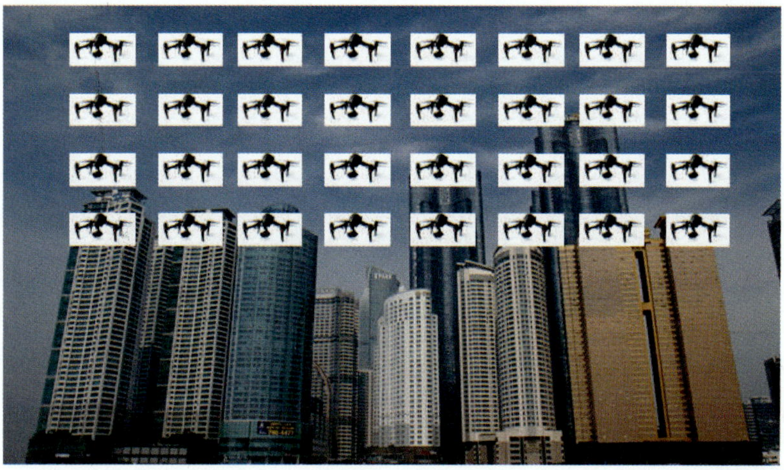

군집비행정찰은 광범위한 지역에 통합솔루션을 이용하여 하나의 PC프로그램으로 여러대의 드론에 센서를 통제하며 드론각각에 명령어를 입력한다. 이때 드론에는 조명과 카메라를 탑재하며, 필요시 무장도 할 수 있다. 군집드론이 동시에 비행시 충돌의 위험이 있는데 이를 방지하기 위해 인공지능이 탑재되어야 한다. 드론은 각각에 센서에 의해 자율비행하며 임무수행 하지만 물체에 가까이 접근시 회피 할 수 있다. 드론이 비행중 조명지원 필요시 정지비행을 하며 LED를 지원 할 수 있으며, 카메라를 통해 관제실에서 조명상황을 확인 할 수 있다.

3. 드론출입확인시스템

1) 출입통제시스템은 관리지역에 대하여 인원, 물품, 차량이 들어오거나 나가는 것을 통제하는 시스템을 말한다. 허가받지 못한 인원, 차량의 추입을 제한하고, 위험한 물품, 물질 등의 반입을 사전에 예방할 수 있으

며, 외곽 담장, 장벽, 침입감지 장치 등 다른 종류의 기기를 보완하고, 인원, 물품, 정보 등 중요자산의 손실을 예방하는 것이다.

출입의 개념을 살펴보면 외부에서 내부로 들어오는 것으로 1차적으로 외곽 울타리에서 내부로 들어오는 것이고, 2차적으로 건물내부로 들어오는 것으로 접근 할 수 있다. 외곽침입시스템과 중복될 수도 있지만 1차적인 부분의 영역으로 접근하고자 한다. 인원과 차량으로 출입에 대한 부분인데 그렇다면 공중으로 들어오거나 침입하는 항공기, 비행물체에 대한 대책은 기계경비의 무방비 부분이 아닌가 판단 된다. 그래서 외곽 비행체에 대한 출입확인 시스템에 대해 정의하고자 한다.

2) 구성요소는 드론이착륙 시설을 비롯하여 중앙상황실만 구성되면 가능하다. 드론은 전기는 배터리로 사용하므로 비행시간이 제한적인부분은 있지만 시설이나 구성은 자유롭다. 드론구성은 GPS모드가 지원되야 하고, 카메라는 정밀한 고성능이 필요하며, 필요에 따라 열화상카메라 장착도 가능하다.

3) 외부침입 비행체가 식별되면 중앙상황실에서 드론을 출동시켜 해당 장소로 근접비행하며 의도를 확인하여 포획, 공격, 격추를 시키는 대응을 하면 되겠다.

4. 드론외곽침입시스템

1) **드론종류** : 카메라 탑재드론, GPS모드 지원, 360도회전짐벌, 열화상카메라

2) **드론임무** : 건물내부 화재, 도난, 침입, 파손 등 확인

3) **차량편성** : 경비실에서 운용

4) 운용

외곽을 감시하는 드론은 경비원의 역할과 CCTV의 사각지역의 확인이 가능한 틈새분야로 볼수 있다. 특히 야간에 외벽으로 거수자가 창문을 깨고 건물내부로 침입하였다고 가정하자. 순찰중이던 경비용 드론은 깨진 창문을 확인하고, 열화상카메라로 내부를 스캔하여 식별된 현황을 실시간 관제센터에 영상으로 전송 한다. 이때 전송을 받은 업체에서는 상황에 따라 즉시 출동하든, 타기관에 알려서 조치 받을수 있다. LED라이트를 탑재하여 내부를 밝힐 수 있는 조명을 지원하며, 지속적으로 거수자 위치를 파악한다. 순찰용드론은 경비원들이 갖추어야할 조명을 지원할 수 있는 LED라이트와 주야간눈의 역할을 할 수 있는 카메라가 필요하고, GPS모드, 자율비행모듈이 탑재되어 있어야 한다. 침입자가 도주시 상공에서 따라가며 추격할 수 있다.

건물내부 화재가 발생하였거나, CCTV가 오작동으로 식별이 불가능할 경우. 이때 열화상카메라가 탑재된 드론이 계획된 경로를 따라 비행중 발화하는 영상이 포착되었다. 이때 자동비행모드에서 수동으로 전환하여 정지비행을 하고, 관제실에서는 송신된 영상을 확인 후 소방서로 신속히 화재진화요청을 한다. 지속적으로 화재상황을 영상을 통해 소방서로 전파할수 있다. 이때 드론은 자율비행가능한 센서가 필수 기능으로 카메라는 열화상카메라로 상황을 관제실로 실시간 영상전송이 가능한 체계를 갖추어야 한다. 또한 지속적인 상황유지를 위해 예비드론이 준비되어야 하겠다. 추가적으로 소화용탄이 장착된 소방용드론이 투입되어 진화를 지원 할 수 있다.

〈소방용 관측 드론〉

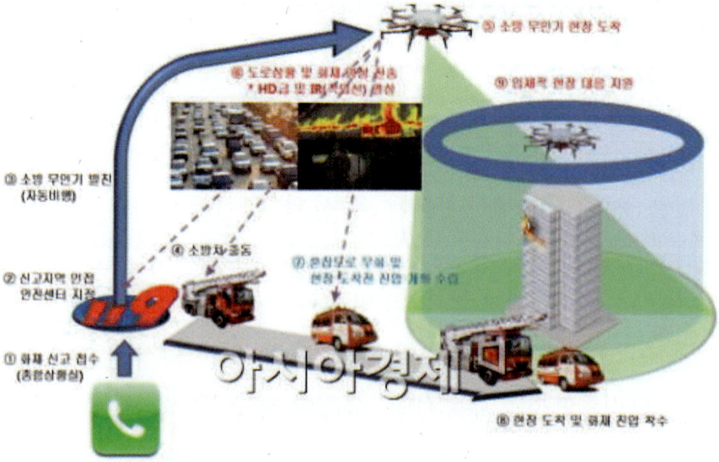

〈소방용 무인항공기 활용예시(미래부)〉

5. 드론 홈시큐리티시스템

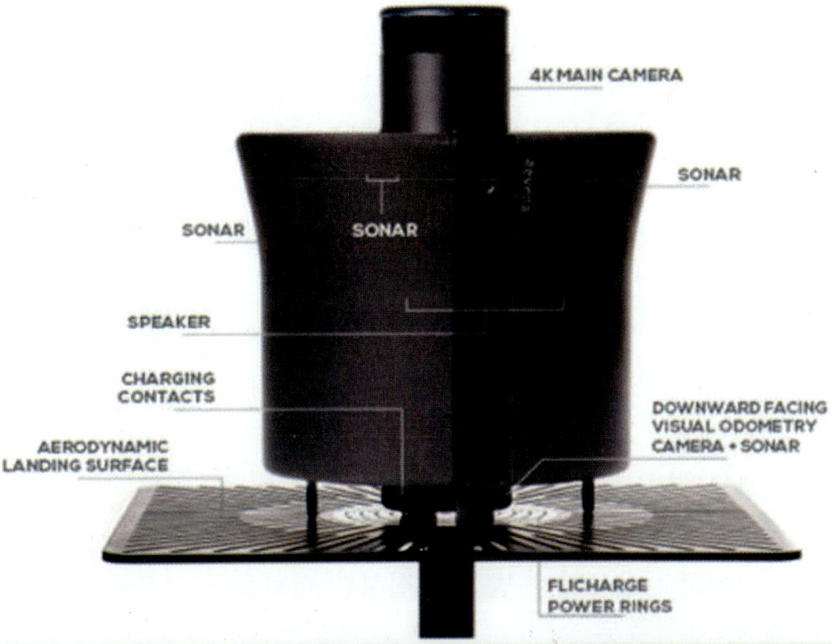

AI 비서 알렉사에 대응하는 가정용 드론 에어(Aire).

1) **드론기능** : 카메라 탑재드론, GPS모드 지원, 360도회전짐벌, 열화상카메라, 스피커, 인공지능, 마이크,

2) **드론임무** : 건물내부 원하는곳을 실시간 확인가능

3) **관제** : 스마트폰으로 조종하고, LTE기반

4) 운용

평소 스피커 형태의 사용하다가 외출시 집 내무에 침입자 발생에 대비하여 작동을 시킨다. 이때 드론에 감지센서가 작동하여 실시간 침입자를 촬영하여 스마트폰으로 전송한다. 이때 사용자는 경찰서로 신고하는 시스템이다. 만약 집안내부에 화재경보가 발생했을 때 원인파악을 하기 위해 원하는 위치로 이동하여 현상을 파악 할 수 있으며, 실시간 원하는

시간과 장소에서 비행하며 역할을 수행할 수 있다. 프롭이 내부에 내장되어 비행간 충돌로 인해 떨어지지 않아 안정적이고, 비행간 배터리가 부족시 자동으로 충전시스템에 의해 충전기로 돌아와서 완충시 다시 비행하며 임무수행을 한다. 가정에서 애완견을 키우는경우가 많다. 집에 두고 가서도 마음이 놓이지 않아 퇴근시간되면 급하게 집으로 오는 경우도 애완견을 키우는 사람이라면 경험이 있을 것이다. 그러나 이러한 드론이 있다면 음성과 영상이 전송되고, 원하는 장소로 이동한다면 애완견도 확인 할 수 있을 것이다.

- 도난경보 : 드론에 각종 감지기를 설치하여 이상신호와 카메라에 포착된 영상신호가 주장치를 통해 관제실로 통보
- 화재경보 : 화재발생시 경보, 통보의 기본기능과 소화탄으로 일부 소화기능가능
- 가스경보 : 가스누출시 경보 및 통보의 기능
- 구급신고 : 응급환자 발생시 실시간 상황을 영상으로 전송하여 구급요청 및 긴급출동
- 비상통보 : 침입자 발견 경우에 따라 가스총 사용가능하고, 즉시 경찰에 신고가능
- 음성인식 및 교신 : 긴급상황시 현장의 음성을 청취 및 회원과의 교신으로 관제실에서 상황을 직접통제 동영상 통보 및 원격지 전송 : 인터넷 망을 통하여 PC, 휴대폰, PDA로 현장상황을 실시간 영상확인
- 놀이터 및 공원의 안전 확보 : CCTV/DVR 설치 사각지역을 드론으로 순찰하고, 문제발생지역에 대해 실시간 감시 가능

6. 공세적 드론운용

1) 추격 / 공격

지금까지 기계경비의 개념은 방어적 성격을 띠고 있다. 그러나 공격적 성격을 띤다면 침입자의 심리적 위협은 더 강할 것이다. 이런방향으로

판단해본다면 건물을 내부로 침입하려다가 기계경비시스템에 의해 의도가 노출이 되어 도주를 할 때 출동대기중이던 드론이 출동하여 도주하는 차량이든 인원이든 따라가며 추격한다면 사건은 조기에 종결될 수 있을 것이다. 범죄심리에서 기계경비가 갖춰진 곳에 범죄를 일으킬 확률이 적다고 한다. 그럼 드론보안구역이라는 인식은 추격과 공격형태를 띤다면 범죄 의도자는 심리적으로 더욱 위축되어 소극적인 행동 또는 침입을 포기 할 수도 있을 것이다.

한단계 격상시킬 경우 침투의지가 관철되지 않고, 지속적으로 공세행동을 개시할 경우 드론에 탑재된 가스총이나. 사전에 준비한 약재통에 소화액을 준비시에 공중에서 투하할 경우 침입자는 신원노출에 대한 부담으로 대항할 수 없을 것이다.

2) 자폭 / 포획

자폭경비드론은 임무수행중 공중공격하는 드론이 있을 때 상대프롭을 공격하는 형태로 긴급상황시 적 드론의 공격을 막는 형태이다. 최근 공중으로 드론을 띠워 공격하는 테러가 발생하는 등 테러의 범위가 다양해지고 있다. 드론의 변화는 상상이상으로 다양해지고 있다. 드론에 가스총, 소총, 기관총 까지 탑재된 드론이 나오고 있다. 이러한 공격형 드론을 막기는 쉽지 않다. 인간도 접근하기 곤란하다. 이때는 정찰용이든 일부 다른드론으로 상공에서 상대드론의 프롭을 공격하여 자폭하는 형태로 자폭하여 막을수 있을 것이다. 포획드론의 경우 주로 교도소에서 상황이 발생 할 수 있는데 드론에 물건을 달아서 외부에서 내부로 이동후 공중에서 물건을 떨어트려 물건을 반입하는 형태가 있을수 있는데 이를 위해 아래의 사진과 같이 드론에 그물을 달아서 침입드론을 잡는 형태가 포획 드론이다.

제 4 장 경비용 드론의 종류

1. 열화상 드론
2. 줌 기능 드론
3. 군집드론
4. 말하는 드론

제4장 경비용 드론의 종류

1. 열화상 드론

1) 개요

열화상 드론은 드론에 열화상 카메라를 장착하여 사용한다. 열화상카메라는 일부 투과도 되고, 온도별로 색깔이 구분되어 실종자 수색과 은거중인 거수자에 대한 식별이 가능하겠다. 카메라는 화소에 따라 식별에 차이가 많아서 해상도가 높은 것을 선호한다.

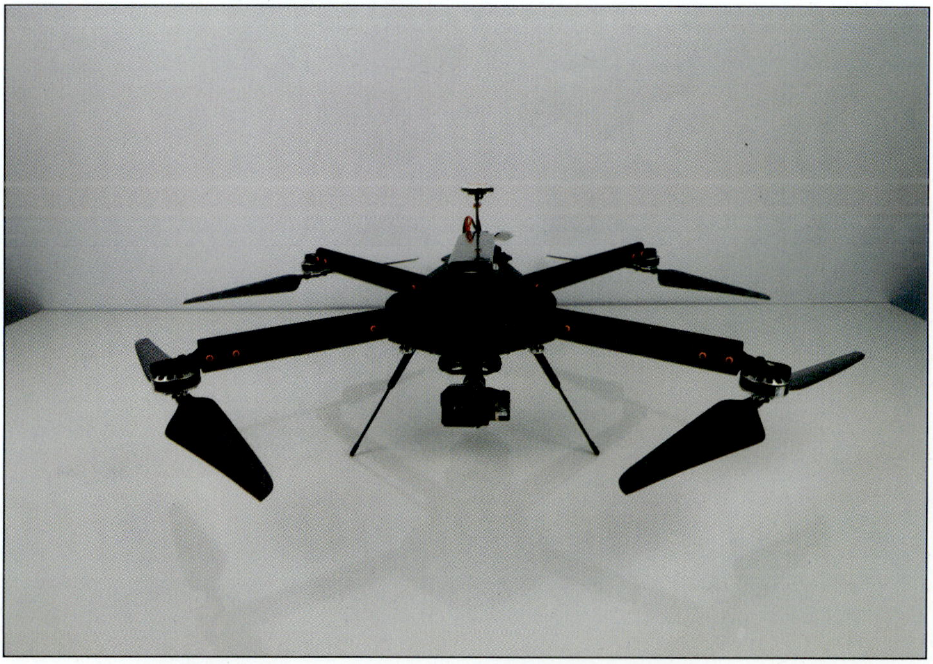

〈경기항공의 spat-Q-02 열화상용 드론〉

2) 특징

(1) 이 기체는 불필요한 무게를 최소화 형, 긴비행시간을 기본목표로 제작되어 비행시간이 약 50분이 된다.

(2) 드론 암대가 접어져서 휴대가 간편하고, 분해조립이 쉬우며, 고속 안정적인 비행이 가능하다.

(3) 활용분야는 도시보안, 도로화재, 산림지역, 수색 및 구조에 용이하다.

〈접었을 때 형태〉

3) 성능 및 제원

(1) 직경(모터와 모터의 대각선 길이) / 높이 : 750mm / 258mm

(2) 폭 / 길이 / 무게 : 210mm / 440mm / 1.56kg

(3) 최대비행시간 : 50분 (배터리 12,000mah)

4) 열화상 카메라 사양

(1) FLIR Duo Pro R

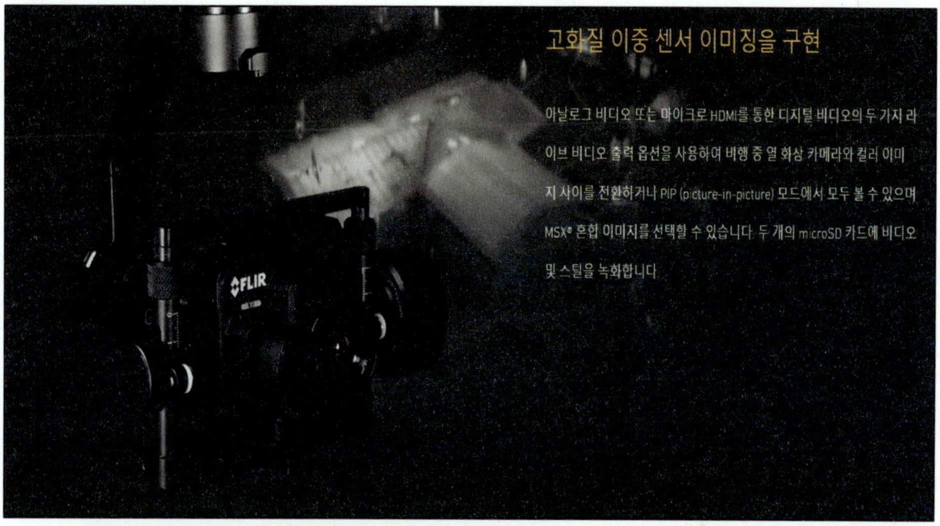

- 주간카메라와 열화상카메라가 결합된 제품으로 방사형 열화상카메라로 4k칼라 실화상 카메라와 온보드 센서 전체를 결합하여 소형 상업용 드론을 위한 세계에서 가장 강혁한 듀얼센서 솔루션을 제공한다. 그러나 열화상카메라 해상도는 320픽셀이다.
- 구성품

(2) FLIR Vue Pro R

드론장착용으로 열화상 이미지를 촬영하여 온도를 숫자로 나타난다. 카메라 내부에 내장 메모리가 있어서 영상 및 사진이 저장되며, 비행중 PWM을 통해 최대 4개의 카메라 콘트롤 설정(색상, 레코드 시작 정비, 디지털 줌, 셔터적동)

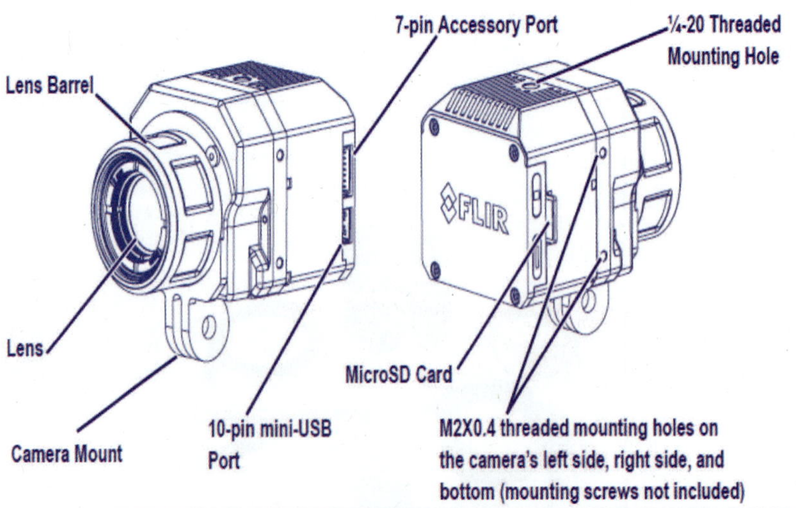

5) 열화상 적용

수색 구조 정찰

태양광 발전설비

건물에너지

전력설비

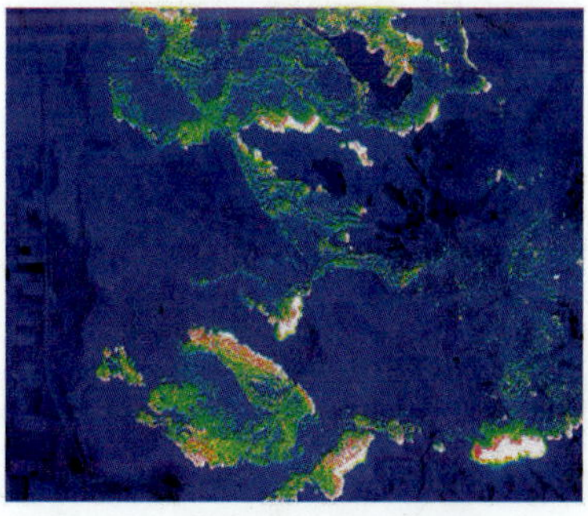

환경모니터링

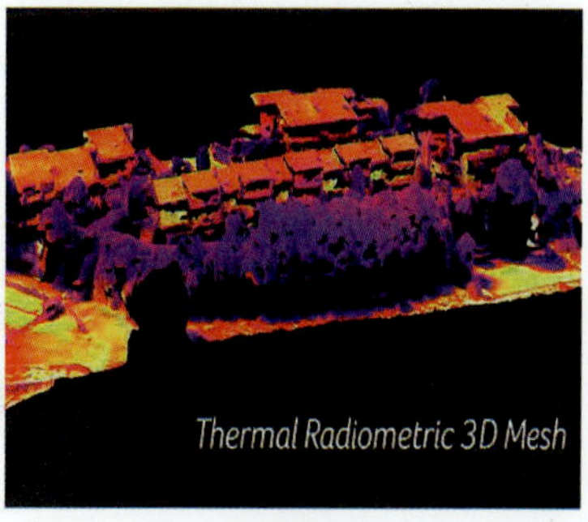

3D 맵핑

2. 줌 기능 드론

드론의 종류는 카메라에 따라서 임무형태가 달라진다. 위에서 알아본 열화상카메라를 장착하면 주야간 활용이 가능하다. 그러나 아직까지 열화상으로 줌이 가능한 드론은 시판되고 있지 않다. 그래서 이번에는 줌 기능을 가진 드론을 알아보자. 평소 큰 면적을 드론으로 정찰하다가 의심나는 구역이나 지점을 식별, 또는 외부로부터 연락을 받고 특정지역을 수색정찰을 요청 시 가까이 가지 않고 줌으로 자세히 식별이 가능하겠다.

따라서 줌기능을 가진 드론으로 정찰하는 방법에 대해 알아보자.

첫째. 높은 고도에서 광범위한 면적을 정찰한다. 이때 장애물과 기온, 바람 등의 영향에 따라 고도를 달리 비행해야 한다. 숲이 우거져 있을 경우 광범위한 구역을 비행한다면 식별이 불가능할 수 있다. 이때는 열화상으로 정찰한다면 효율적일 수 있겠다. 광범위한 구역을 정찰할 때는 도로, 하천, 능선을 구분하여 카메라로 확인 가능한 구역을 면적단위로 순차적으로 정찰하여야 한다.

두 번째, 의심나는 구역이 있을 때는 위에서 설명한 원을 그리면서 점점 작게 정찰하며 좁혀가는 방법과, 멀리서 가까이 가면서 카메라를 통해 정찰하는 방법이 있다. 드론은 비행시간에 제약이 있다. 장시간 비행에 제한이 되기 때문에 예비드론은 항상 준비되어야 한다.

〈타롯 아이드론 : 줌 기능〉

1) 특징

3축 짐벌이 부착된 10배 광학 줌을 지원한다. 기체의 무게를 경량화하여 긴 비행시간을 제공한다. 휴대와 보관이 간편하고, 접었을 때 직경과 길이가 210mm, 440mm, 무게는 1.56kg이다.

2) 성능 및 제원표

(1) 직경(모터와 모터의 대각선 길이) / 높이 : 750mm / 258mm

(2) 폭 / 길이 / 무게 : 210mm / 440mm / 1.56kg

(3) 최대비행시간 : 50분 (배터리 12,000mah)

〈타롯 아이드론 : 줌 기능〉

3. 군집드론

최근 많은 업체들이 군집드론 연구에 열을 올리고 있다. 2018년 평창 동계올림픽에서 인텔은 1218대의 드론쇼를 통해 전 세계 사람들에게 감동과 재미를 선사했다. 이러한 군집드론은 한사람이 운용하는 소프트웨어 시스템을 기반으로 만들어 졌다. 모든 드론을 시간대별 위치를 지정하여, 자율비행을 하도록 한 것이다. 이러한 군집 기술은 앞으로 많은 부분에서 사용되게 될 것이다. 특히 군부대에서는 군집드론 중 1대의 비용으로 대형비행기를 공격 할 수 있어서 효율적이고, 방어함에 있어서 적에게 위협이 될수 있기 때문이다.

IT분야의 기술이 항공분야에 접목되면서 드론을 활용한 다양한 연구결과가 나오게 되었다. 드론은 GPS기반으로 운영이 된다. 그러나 오차범위가 최대 4m이상 위치 정보가 변화될 수 있어서 다수의 드론을 활용한 정밀 임무수행시 드론간 충돌 확률이 높아져 심각한 문제를 야기시킬 수 있다.

그래서 다수의 드론을 동시 운용하는 군집 비행을 위해 정밀 위치 예측기술이 필요하다. 일반적으로 위치 예측을 위해 GPS와 IMU 센서 데이터를 융합하게 되면 GPS보다 정밀한 위치를 측정 할 수 있다. 하지만, 이경우도 초기 위치를 GPS를 이용하여 측정하다 보니 다수의 비행체들의 좌표계가 일치하지 않는 문제가 발생하여 동시 운영 시 문제가 발생한다. 뿐만 아니라 GPS의 상태에 따라 정밀도가 여전히 3m까지 오차가 발생하여 동시 운영 시 문제가 발생한다. 뿐만 아니라, GPS의 상태에 따라 정밀도가 여전히 3m까지 오차가 발생하므로 정밀 비행이 어렵다. 그래서 새롭게 나온게 RTK-GPS(Real Time Kinematic)의 발전으로 실외에서도 수cm급의 정밀도를 가진 위치측정이 가능해졌다. 하지만 RTK도 모션 캡쳐와 같이 고가의 제품이다 보니 다수 비행체에 적용하기 어렵다. 최근에는 오픈소스를 활용한 저가의 RTK도 모션캡쳐와 같이 고가의 제품이다 보니 다수 비행체에 적용하기 어렵다. 최근에는 오픈소스를 활용한 저가의 RTK 모듈들이 출시되고 있어 드론에 적요할 수 있게 되었다. 하지만 안정성 문제 및 RTK 의 특성상 도중에 RTK의 우치인식 기능이 풀리는 문제가 발생하여 상황에 따라 오동작을 일으키는 경우가 많이 때문에 실외 군집 비행시 안전 문제가 발생할 수 있다.

그래서 RTK의 신뢰성을 높이기 위해 여러 센서들이 있는데 기본적으로 RTK뿐만 아니라 GPS-INS를 포함하여 LiDAR, 기압계 등 다수의 센서를 이용하며, 각 센서들의 오류값을 분별하고 센서 값의 문제 발생 다른 센서를 이용하는 모드 스위칭 방법이 필요하다.

군집비행에 대한 연구는 비행기 간의 충돌없이 운용하는 Flocking 알고리

즘을 주로 시뮬레이션을 통해 검증하는 단계로 진행되었다. 하지만 UAV의 발달로 실증할 수 있게 되어 멀티로터 기반으로 최근 많은 연구가 시작되었고, 예술반야까지 적요되고 있다. 초기에는 군집 비행에 대해 실내에서 동작함으로써 제어기능을 검증하였다. 실내 군집 비행을 이해 모션캡쳐 및 영상을 사용하는 방법으로 동학하였다. 이 경우 매우 정밀한 비행 및 군집 비행이 가능하지만, 공간의 제약으로 실외에서 사용할 수 없었다. Eotvos대학의 MTA-ELTE팀은 G PS-ins 퓨전을 통해 실외 군집비행을 선보였다. 이 연구에서 서로간의 충돌을 피하기 위한 Flocking 알고리즘과 편대비행에 대한 시뮬레이션을 통한 타당성 검토와 함께 10대의 쿼드로터로 직접 비행을 수행하였다. 하지만 GPS의 특성상 정밀 위치 제어를 할 수 없기 때문에 정밀한 군집비행이 어렵다.

〈군집드론〉

4. 말하는 드론

드론에 카메라와 스피커를 부착하여 정찰간 통제해야할 상황이 발생했을 경우 일정거리를 유지한 가운데 중앙통제실에서 마이크로 말을 하면 송신장치에서 드론의 수신기로 전송되어 스피커로 말이 전달될 수 있다. 인력경비에서의 기능을 드론으로 모두 다 할 수 있다. 경비원이 순찰을 돌 듯, 드론으로 정해진 경로를 비행하는 것과, 통제인원에 대해 조정해야 할부분은 드론이 말을 하며 통제 할 수도 있고, 후레쉬를 비추듯 드론에 조명을 설치할 수도 있다. 이 말하는 드론은 산악용으로 개발되어 100m에서도 들릴 정도의 70 데시벨을 전파한다. 무선통달거리는 5km이다. 아래드론의 사양은 다음과 같다.

Technical parameters

wireless tx distance : 5km

speaker power : 100Watt

sound intensity : 100m @70 DB

Voltage : 6S

중량 : 670g

Dim: 165x155x90mm

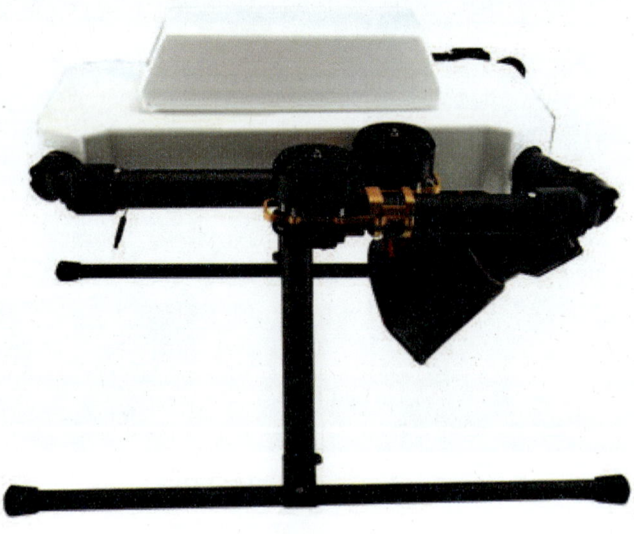

〈스피커 설치된 말하는 드론〉

스피커로 의사를 전달해야 하는데 통달거리가 길수록 스피커는 클 수밖에 없다. 이러한 기술적 문제를 해결하면 작은 기체로 운용한다면 비행시간도 길어지고 스피커로 전달 할 수 있는 활용도가 더 커질 수 있다.

제 5 장 경비분야 드론활용 사례

1. 민간보안업체
2. 군부대
3. 경찰
4. 교도소
5. 공항
6. 해양구조
7. 5G 드론
8. 드론경비원
9. 보험회사
10. 드론경호

제5장 경비분야 드론활용 사례

1. 민간보안업체

1) 민간보안업체인 ADT캡스가 차세대 물리보안과 정보보안 두 사업을 추진하고 있다. 현재 차세대 보안 프로젝트로 드론을 통한 보안서비스를 제공할 수 있도록 연구중이며, 인공지능형 지속가능 위협(APT), 차세대 방화벽, 모바일 단말관리 등 정보보안 사업을 확대해 나가고 있다.

2) 드론은 무선으로 동작하고, 카메라, 무선통신기반, 온도, 밝기 등 여러 센서 탑재가 가능하여 활용범위가 넓다. 이러한 드론을 업체에서는 폐쇄회로티브이(CCTV)카메라가 닿지 않는 사각지대를 감시 할 수 있다는 측면에서 사업장 현장 상황에 따라 비행경로를 위험현자이나 외곽지역 등을 순찰하는 지능형 이동 CCTV형태로 활용할 계획이다.

3) 시스템은 카메라가 장착된 드론이 움직임이나 화재 등 이상신호를 감지하여 중앙관제실, 고객의 모바일로 전송해 실시간 모니터링 할 수 있도록 하고, 위험감지 시 바로 출동까지 연계한다는 것이다.

4) 이런 무선기반의 사업이 확대됨에 따라 SK 텔레콤에서 ADT캡스를 인수하며 새로운 융합보안시대를 열고자 사업계획을 발표했다. 드론에 5G를 결합하여 드론보안시장은 기존의 고정형 CCTV에서 이동형 CCTV형태이면서 방어적 성격의 보안에서 공격적인 측면이 강화 되었다고 평가 될 수 있겠다.

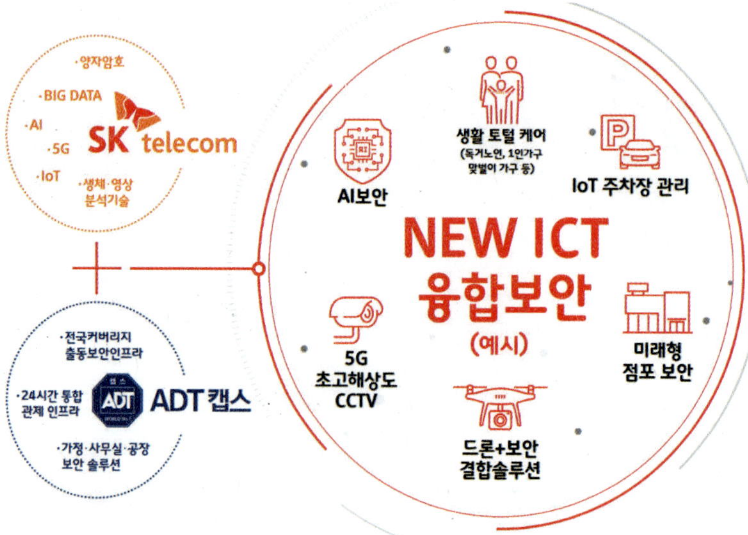

2. 군부대

〈우리나라 고정익 무인기〉

〈로보틱스의 티카드〉

플로리다에 본사를 둔 듀크 로보틱스(Duke Robotics)sms 반자동 소총과 유탄발사기를 비롯한 다양한 군용무기를 운반하고 발사할수 있는 맞춤형 로티로터드론인 티카드(TIKAD)를 발표했다.

드론에 기관총을 탑재한 드론으로 실제 우리나라에서도 기관총을 부착한 사례가 있다. 기관총에 탄약통은 링크된 상태로 연속발사가 가능하다.

듀크 로보틱스는 이스라엘 방위군 특수 임무 부대 사령관 출신인 라지엘 아투아르이가 공동으로 창립했다. 민간 거주 구역내에서 활동하는 테러리스트들과의 전투에서 어려움을 겪은 후, 이 무인 드론시스템의 개발에 영감을 얻었다고 한다.

육군은 9월 드론봇 전투단을 거르리는 지상정보단을 창설했다. '드론봇'은 드론과 로봇의 합성어로 수색, 정찰과 공격 임무를 수행하는 장비다. 육군은 대북감시자산 중 하나로 드론봇을 활용할 계획이지만 시기는 조율하고 있다. 전략목표가 아군의 피해를 줄이면서 단기간 내에 전쟁을 승리로 끝낸다는 '5대 게임 체인저' 전략을 세웠다. 추가적으로 공격용 '벌떼드론'을 운용해 적군의 대규모 병력과 차량을 무력화시키는 방안도 마련중이다.

육군은 드론봇부대 창설을 기점으로 2021년부터 군단부대부터 대대급까지 육군의 모든 제대에 편성한다는 계획이다. 육군은 '다가올 미래전장은 다양한 유무인 복합체계를 기반으로 통합되고 무인체계에 의한 전투수행이 가능해 진다.

3. 경찰

경찰에서도 다양한 분야에서 드론이 활용되고 있고, 계속 발전해 나갈 전망이다. 몇 가지 사례를 통해 어떻게 발전하는지 예측해 보자.

최종상태는 영화 '터미네이터'처럼 로봇경찰이 나올 수도 있을 것 같다고 가정하자. 하늘을 나르는 경찰, 모니터경찰 등 상상이 현실이 되는 세상이 아닌가! 과거 라이트형제에 의해 24초 비행하던 모형비행기가 지금은 300여명의 승객을 전 세계로 보내는 여객기로 변모하지 않았는가. 이처럼 시작은 초라하지만 끝은 장대하리라고 생각된다. 지금 경찰에 있어서도 완성된 드론을 구매하여 가시권 내에서 비행하는 수준이다. 기본적인 기능은 fail saft (전파단절) 발생하거나 조종기에 reten home 버튼을 누르면 이륙했던 장소로 복귀하는 기능이 있고, 카메라를 좌우, 줌 등 기계적인 물체를 조작할수도 있다. 드론은 공중공간에서 임무수행이 가능하기에 어떠한 기계나 물체를 탑재하는가에 따라 드론용도가 틀려진다. 이단락에서는 경찰용 드론에 대해서 기술하고자 한다.

제주도에서는 봄철 행락객과 주민들이 고사리를 많이 채취하러 간다고 제주도 경찰을 통해서 들었는데. 많은 경찰관들이 실종자 수색에 투입비중이 높다고 한다. 우리가 등산을 해봐서 알겠지만 다리로 걸으면서 눈으로 보는 데는 많은 인력과 시간, 노력이 필요하다. 그런데

1) 2013년 5월 9일 캐나다 남서부 서스캐처원에서는 혹한의 산림 지역을 지나던 차가 전복돼 운전자가 목숨을 잃을 뻔한 일이 발생했다. 운전자는 휴대폰으로 경찰에 구조를 요청했으나 정확한 위치를 알려주지 못하는 바람에 순식간에 날이 저물어 구조활동이 중단되었다. 구조가 진행되지 않자 캐나다 연방경찰은 드론을 투입하기로 결정했다. 열화상 카메라가 탑재된 드론은 운전자가 구조요청 전화를 건 지역을 중심으로 야간 수색비행을 했고, 결국 운전자 몸에서 나오는 열을 감지해 구조에 성공했다. 구조 당시 운전자는 몸이 눈덩이에 완전히 덮여 육안으로는 수색이 불가능한 상태였다.
2) 경찰은 드론을 활용해 사람의 목숨을 구한 첫 사례로 알려진 사례는

국내에서도 추진중이다. 자율주행, 야간수색, 사람 식별 기능 등 실종자 수색에 특화된 경찰의 스마트 드론분야이다.

3) 경찰 수색 드론이 현장에 배치되면 연간 신고가 3만건에 달하는 실종자 수색 작전에 대대적이 지각변돈이 예산된다. 최근 경찰항공과에서는 치안업무에 드론 활용을 위한 경찰항공 운영규칙 정비 연구용역제안 요청서를 내고 경찰 운영규칙을 재정비했고, 운영규칙은 다음과 같다.

- 국내외 경찰드론활용 현황 및 분석
- 드론 관련 법규, 제도 조사 및 분석
- 경찰항공 운영규칙 및 매뉴얼 보완 수정

지금까지는 교통단속에만 제한적으로 사용하던 부분을 치안활동에 본격적으로 드론을 활용한다고 밝히고, 특화된 경찰전용드론은 이미 개발에 착수한 상황이라고 한다. 경찰에서도 지금까지는 실종자 수색, 교통관리, 취약지 순찰 등을 목적으로 치안현장에서는 드론을 보유한 동호회, 단체 등에 지원을 받는 형태였다.

4) 경찰청과 과학기술정보통신부가 한국항공우주연구원과 손잡고 개발중인 드론은 실종자 수색 작전에 특화된 인명구조드론이다. 이 드론은 광학카메라와 사람의 온도를 측정할 수 있는 적외선 카메라도 함께 탑재된다. 어두운 밤이나 추운 겨울 산골짜기에서도 실종자 수색이 가능해 진다는 의미다. 카메라를 통해 수집된 정보를 자율적으로 분석해줄 소프트웨어도 탑재된다. 사람이 조종하지 않아도 사물을 추적할 수 있는 자율비행 기능에 자율탐지 기능까지 갖춰 탐지하고 있는 사물이 사람인지 스스로 분석해 알려주는 시스템을 갖출 예정이다.

5) 강원지방경찰 2016년 8월에 한국드론재난구조단과 드론을 활용한 실종자수색 업무지원 협약을 체결했다. 협약식은 치매 노인 증가추세에 따라 실종사건도 크게 증가하고 있어 효과적이고 신속한 대응체계 구축을 위해 마련됐다. 협약에 따라 강원 경찰은 치매 노인 등 실종자 수색에 드론을 활용 중이다. 지난 5월부터 울산 경찰도 이와 같은 움직임을 보였다. 울산 경찰과 국립재난안전연구원이 함께 무인기(드론)

를 순찰에 이용하는 방안을 찾기 위해 '첨단장비·시스템 등 활용 치안역량 강화를 위한 업무 협력식' 을 했다. 협력식에서는 드론을 활용하여 실종자 수색·구조체계 마련, 순찰용드론 상용화 연구, 범죄 취약지역 진단, 붕괴사고현장 조사 지원, 화학사고 공동조사, 지진 대응역량 강화, 실시간 교통정보 공유, 횡단보도 어린이보호구역효과 분석 등이 이뤄질 것이라고 밝혔으며, 9월부터 2개월간, 범죄로부터 안전한 산책길 조성을 위해 드론으로 범죄 예방 순찰을 시범 실시했다.

6) 2010년 11월 서울에서 제 5회 G20 정상회의가 개최될 당시 경호안전통제의 일환으로 위협별, 지역별 경호 작전을 수립하였다. 위협의 종류를 북한위협, 차량강습/인원침투, 직·곡사화기 공격, 화생방테러, 사이버테러, 국가기반시설파괴, 폭발물 공격, 항공기/비행물체, 식음료 및 전염병의 9가지로 나누고 각위협별 대응전략을 마련하였다. 특히 권총, 소총, 기관총, 박격포, 대포와 같은 직·곡사화기 공격에 대비하여 주위가 두루 내려다보여 적의 활동을 감시하기에 적합한 고지를 수색하고, 거점을 확보할 뿐만 아니라 무인헬기를 활용하여 공중 감시를 수행하였다. 활용된 무인헬기는 동급에서 가장 고성능의 무인항공기로 인정받고 있던 Schiebel 사의 CAMCOPTER S-100로써 대한민국 최고보안위원회의 G20 보안 임무의 일익을 성공적으로 담당하였다고 평가받았다.

7) 최근 해외에서도 경찰이 드론을 현장 치안에 활용하는 사례가 늘고 있다. 영국런던시경 대테러 부서에서는 개트윅 공항과 히스로 공항 등 4개 공항에 경비목적으로 드론을 배치하였고, 시범운영결과 경찰인력의 지상 경비활동에 비해 10%에 불과한 저렴한 비용으로 7배 신속한 직무수행이 가능하다는 평가를 받았다. 미시간주를 비롯한 미국 일부 주에서는 멀티콥터 등 드론을 치명적 사고, 자연재해, 수색 및 구조, 교통사고 재구성, 현장 사진촬영 등에 활용하고 있다.

4. 교도소

교도소에서도 드론이 경비에 운용될 계획이다. 2017년도 4월 드론으로 활용한다. 교정시설 경비시스템 도입방안을 밝혔고, 2018년 시범운용을 하고 있다. 교정시설 상공에 영상전송장비를 갖춘 드론을 띄워 교도소 내·외부 순찰, 수용자 이동관찰, 도주자 추격 등 실시간으로 중앙통제실에서 관제하는 시스템이다. 드론은 경비 업무지원 외에도 재난예방 활동이나 마약반입 차든 등 방어활동에 활용될 예정이다. 드론을 적용하면 경비업무에 효율적일 뿐만 아니라 인력 설감에도 효과가 있을 것으로 예상한다.

미국, 영국 등 외국 교도소의 경우 드론으로 인해 골치를 앓고 있다고 한다. 폭스뉴스 등 미 언론보도에 따르면 재소자들이 드론을 이용해 담배나 휴대전화, 포르노, 마약, 총기류 같은 금지 물품을 반입하고 심지어 탈옥을 위한 교도소 보안실태 정탐까지 하고 있다. 또 교도관을 매수하거나 케이크 안에 금지 물품을 숨겨 들어오는 식의 전통적 방법은 외부 조력자에게 비용을 지불하고 드론을 활용해 배달을 받는 방식에 밀려나고 있다.

이 때문에 워싱턴주는 교도소 주변 반경 300m 내에서 허가없이 드론을 사용하면 중범죄로 처벌하는 내용의 법안을 상정해 논의 중이며, 사우스캘롤라이나주는 드론 감시를 위해 교도소 내에 전망 탑을 세우고 감시장비를 도입했다.

영국의 경우 교도소 보안 카메라에 드론이 마약을 배달하는 장면이 촬영된 이후 교도소에 드론이 진입하는 것을 차단하는 전문 부대를 만들었다. 캐나다는 교도소 상공에 그물을 설치 드론이 비행 할 수 없게 하는 방법을 채택했다.

5. 공항

항행시스템 점검 드론 구성 개념

비행진입구역 장애물 전파영향 점검

공항에서는 공항시설관리, 조류퇴치 등에 활용될 전망이다.

국토교통부와 한국인천공항공사는 '17년 12월 수립된 스마트 공항 종합계획에 따라 항행시설점검, 조류퇴치 공항외곽경비, 장애물 제한 표면 관리, 항공장애 등 관리, 드론 퇴치 의 67개 항공업무에 드론활용방안을 마련, 추진한다고 밝혔다. 2016년 항행안전시스템에 의한 전파측정드론을 개발하고 17년 시험비행을 거쳐, 금년부터 국토부와 한국공항공사는 항행 안전시스템 점검에 드론을 본격화 할 계획이다.

항행안전시스템은 무선전파를 이용하여 공중에 전파를 방사하는 장비의 특성상 사람이 지상에서 무선전파를 측정하여 점검을 수행하는 것에는 한계가 있었다. 이러한 점에 착안하여, 한국공항공사는 16년부터 최초로 사용드론에 항행안전시스템 신호분석이 가능한 측정기와 소프트웨어가 탑재된 수신기 3대를 개발 후 장착시험을 거쳐 '17년까지 울산공항 등 전국 13개소에 시범운영을 마쳤다.

항행한전시스템 전파측정 수신기를 장착한 첨단 드론은 일상적인 점검 이외에 공항의 진입구역 장애물에 대한 전파영향을 미리 탐지하여 분석하는 역할도 수항하고, 실제 항공무선표지소 시스템 장애시 투입되는 신호이상 전파를 탐지하여 신속한 복구에 결정적 역할을 해낸바 있다. 향후 국토부는 자율비행 점검이 가능한 지능형 드론개발 항공주파수를 침해하는 유해전파 추적과 제거, 공항 최적 후보지 선정을 위한 전파영향 분석등 다양하게 활용할 계획이다.

인천공항공사는 조류퇴치용드론과 외곽경비용 드론의 비행전에 항공안전기술원으로부터 드론기체 안전성 검사를 받은 후 관할 지방항공청인 서울지방항공청의 승인을 받고 안전성을 확보하여 도입할 계획이다.

6. 해양구조

1) 민간해양분야

해양안전 관리에 무인기 활용이 높아질 전망이다. 중부해양경찰은 태안군 안면도 바람아래 해변 갯벌에서 입체적이 연안해역 안전관리를 위해 수색정찰 드론을 시범운용한다고 밝혔고, 수색정찰 드론 시범운용은 최근 갯벌 체험과 해투질(물 빠진 바다에서 불빛을 이용해 어패류를 채취하는 전통어로 방식)의 인기상승으로 증가하고 있는 갯벌사고를 효율적으로 대응하기 계획되었다. 특히 바람아래 해변은 우리나라 대표적인 해루질 포인트로 갯벌이 가장 많이 드러나는 사리 때를 기준으로 일일 추산 천여 명이 방문하여 연안 해역 안전관리의 필요성이 높은 곳이다.

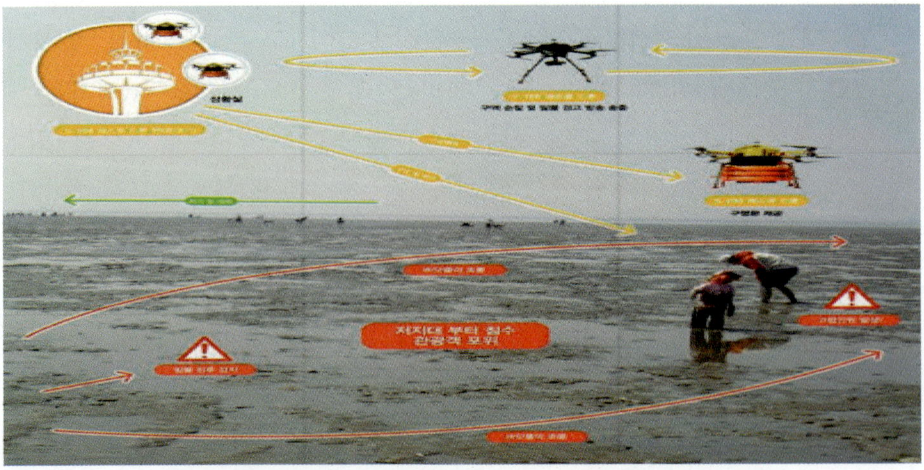

〈드론을 통한 갯벌안전관리 조감도〉

수색·정찰 드론은 09시부터 일몰시까지 갯벌을 순찰하며, 안내방송과 위험에 대한 경고방송을 실시하고, 조난자 발생 시는 실종자 수색임무를 수행한다.

2) 해양공경비

정부는 불법조업 단소고가 항만시설관리, 항만보안 등을 위해 드론 500대를 띄운다. 숨바꼭질하듯 되풀이 되는 불법조업 단속을 비롯해 해양쓰레가 감시, 족조, 녹조 예찰 활동, 양식장 모니터링 등 해양수산 전 분야에 드론이 활용될 전망이다.

〈해수욕장 드론순찰〉

【서울=뉴시스】 오션 드론 555(Ocean Drone 555) 비전. (제공 = 해수부)

해양수산 분야 드론사업이 구체화되기까지는 남은 과제가 적지 않다. 육상 중심의 드론 관련 법규와 규제 재정비를 비롯해 해양수산분야에 특화된 드론 양산체제 구축을 위한 정부 연구개발(R&D) 지원 및 인력 충원 등 풀어야할 숙제가 한두가지가 아니다.

정부의 첫 벤처조직인 해양수산부내 '조인트벤처 1호'는 드론을 활용한 해양수산 현장업무 혁신방안이 담긴 '오션 드론(Ocean Drone) 555'를 22일 발표했다.

'오션 드론(Ocean Drone) 555'는 조인트벤처가 4차 산업혁명시대를 맞아 차세대사업으로 추진하는 해양수산분야 드론 활용사업이다.

조인트벤처는 공무원 조직내 칸막이 행정을 없애고 역량있는 직원들이 자발적으로 참여해 민간의 벤처기업처럼 자유롭고 창의적인 업무 수행이 가능하도록 기획된 해수부내 벤처조직이다.

해수부는 직원 아이디어 공모를 거쳐 조인트벤처 1호 과제로 드론을 활용한 해양수산 현장업무 혁신방안을 선정했다. 이후 직원들의 참여 신청을 거쳐 지난 7월16일부터 9월15일까지 3명의 직원으로 벤처팀을 구성했다. 이들은 청사 외부의 별도 사무실에서 주어진 과제에 집중했다.

조인트벤처는 전국의 해양수산 현장을 다니며 다양한 수요를 발굴하고 드론 개발 · 제작업체들의 의견도 들었다. 이후 나온 혁신방안에는 현장에서 수렴한 의견을 기술개발과 제도개선 과제로 구분하고 인력 · 장비 등의 확보와 관련된 단계별 이행방안이 담겼다.

이들은 내년에 부산, 인천, 여수 · 광양, 목포, 울산 등 전국 5대 지역을 거점으로 지정, 시범사업을 추진한다. 또 오는 2020년 드론을 50대까지 확대하고 2022년까지 우리나라 전 해역에 드론 500대 배치를 목표로 하고 있다.

해수부는 드론을 불법조업 단속과 항만 감시 등 4가지 유형으로 나눠 맞춤형으로 개발할 예정이다. 특히 불법조업 단속과 적조예찰 등 바다에서 활용할 드론은 비행시간 최소 40~60분, 왕복 20km 운항, 최대풍속 10 m/s 등 해양수산 특수성이 반영된 드론을 개발하겠다는 복안이다.

또 오는 2022년까지 국가어업지도선 40척에 2대씩 단계적으로 드론을 보급하고, 1000톤 이상급 대형 어업지도선에 우선 배치할 방침이다.

이번 혁신 방안은 오는 2021년까지 공공기관에 드론 4000대를 도입하겠다는 정부의 드론 산업 육성 계획과 맞닿아 있다. 드론이 다른 분야보다 해양수산 분야에 다양하게 활용될 수 있다는 점을 고려했을 때 드론 개발과 상용화를 위한 청사진을 내놓아야 한다는 게 해수부의 판단이다.

하지만 해양수산 분야 드론 활용 사업이 구체화되기까지는 남은 과제가 많다.

비행고도 제한 및 중량 제한 등 육상 중심으로 설계된 각종 규제 법규가 해양수산 분야 드론 활성화에서 걸림돌이라는 지적이다. 비가시권(약 300m 이상) 비행 불가, 25kg 초과 시 안전 인증, 150kg 초과 시 무인항공기 적용 등 육상 중심의 각종 규제와 관련 법안들을 손봐야 한다.

또 해양수산 특성에 맞는 드론 개발과 양산체제를 갖추는 것도 관건이다. 비행 거리와 체공 시간을 늘려 추락 위험을 줄이고, 바다라는 특수한 상황에서도 안정적인 비행시스템을 갖추기 위한 기술력을 확보하진 못한다면 '무용지물'이 될 가능성을 배제할 수 없다.

아울러 해수부 소속 사무관 2명과 국립해양측위정보원 소속 주무관 1명으로 구성된 조인트벤처에서 담당하던 드론 사업이 해양개발과로 이전됐다. 조인트벤처 팀원들도 기존 부서로 돌아갔다. 야심차게 시작한 정부 내 첫 벤처조직의 업무 단절 가능성이 제기되는 대목이다.

해수부 관계자는 "각 부서 인력 운영 등에 따라 2개월 동안 한시적으로 벤처기업처럼 운영됐고, 이들은 기존 부서 업무에서 완전히 분리된 채 2개월 간 드론 관련 업무에 집중했다"며 "조직 직제와 인력 운영 등 차후 수요에 따라 적극 반영할 예정"이라고 말했다.

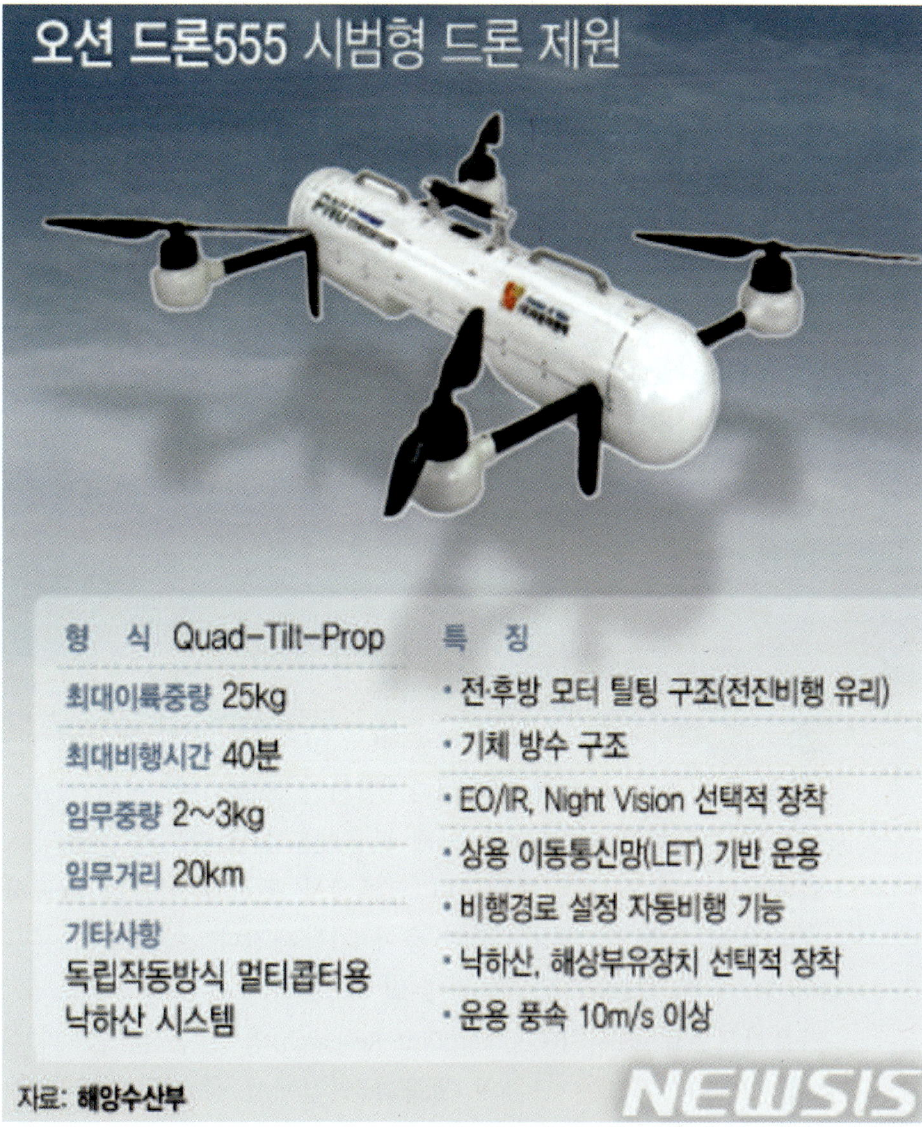
오션 드론555 시범형 드론 제원
형 식 Quad-Tilt-Prop
최대이륙중량 25kg
최대비행시간 40분
임무중량 2~3kg
임무거리 20km
기타사항
독립작동방식 멀티콥터용
낙하산 시스템
특 징
• 전·후방 모터 틸팅 구조(전진비행 유리)
• 기체 방수 구조
• EO/IR, Night Vision 선택적 장착
• 상용 이동통신망(LET) 기반 운용
• 비행경로 설정 자동비행 기능
• 낙하산, 해상부유장치 선택적 장착
• 운용 풍속 10m/s 이상
자료: 해양수산부
NEWSIS

7. 5G 드론

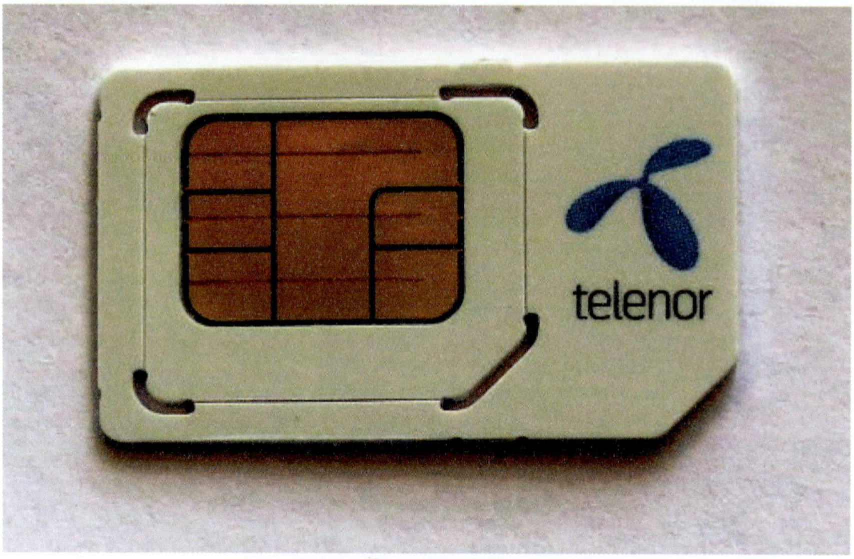

〈SIM카드〉

오는 2022년까지 로봇 무인 항공기(드론)의 13% 이상에 SIM 카드 및 향상된 셀룰러 기능이 사용될 전망이다. 실시간 스트리밍, 실시간 모니터링 등의 서비스를 제공하는 앱 증가로 인해 드론에도 SIM 카드가 적용되는 것이다.

임베디드 SIM 카드가 지원되면 드론에서 통신 사업자가 제공하는 LTE 기능 및 데이터 연결, 위치 공유 등이 가능해진다. 앞으로 드론 사용자들은 4G나 5G 등의 네트워크 이점을 누릴 수 있다.

카운터포인트 리서치(Counterpoint Research)의 연구 분석가 안쉬카 자인은 "임베디드 SIM 카드는 드론의 셀룰러 연결에서 중요한 역할을 하며 프라이버시, 안전 및 보안 문제를 해결한다. 독일 T 모바일(T-Mobile Germany), 오렌지(Orange), 보다폰(Vodafone) 및 버라이즌(Verizon) 등의 통신 사업자들은 이미 LTE 기반 드론 임베디드 SIM 카드를 도입했다"고 말했다.

칩 제조 업체인 퀄컴(Qualcomm)은 지난 해 사용자가 LTE 네트워크로 드론을 제어할 수 있다고 발표했다. 이 회사의 엔지니어 팀은 LTE로 드론을 제어하기 위해 테스트를 실시했다. 1,000대의 드론에 각각 데이터를 할당하고 LTE 네트워크 하에서 성능을 점검한 결과, 드론은 높은 고도에 있을 때, 그리고 낮은 기울기의 안테나에서도 강한 신호를 수신했다.

그리고 드론은 지상에 있는 모바일 장치에 비해 우수한 핸드 오버 성능을 보였으며, 높은 고도에서는 통계적으로 낮은 네트워크-드론 간 신호 품질을 보였다.

현재 LTE는 로봇을 지원할 수 있다. 네트워크 혁신이 일어난다면 드론의 성능이 다음 단계로 나아갈 수 있을 것이다. 조만간 5G 네트워크가 출시되면 대역폭과 전력 효율성 등이 최적화돼 드론에 이용될 수 있을 전망이다.

8. 드론경비원

▲출처=세콤

일본에 '드론(무인 항공기) 경비원'이 등장한다. 드론 가격이 인건비보다 저렴해지면서 경비원 대신 드론을 경비 업무에 활용하는 것이다.

니혼게이자이신문은 26일 빌딩관리 회사 다이세이가 NTT동일본, 블루이노베이션과 공동으로 드론 경비원 서비스를 오는 10월부터 시작할 계획이라고 보도했다. 경비원을 대신해 드론이 밤에 사무실을 돌면서 순찰하고 영상을 남기는 것이다.

니혼게이자이는 “드론 경비원이 앞으로 가격 면에서 우위를 점할 가능성이 높다”며 “상용화가 급속하게 이뤄질 것”이라고 전망했다. 드론 서비스의 가격은 월 50만~70만엔(약 500만~700만원) 수준으로 야간 경비원을 고용하는 것과 비슷한 수준이다. 다이세이 측은 최저임금 상승으로 경비원 인건비가 더 상승힐 것이라고 설명했다.

일본 빌딩관리 회사들은 경비원 구인난에 시달리고 있다. 일본 후생노동성 도쿄국에 따르면 5월 도쿄의 보안 관련 직업의 유효구인배율은 13.82배에 달한다. 건설업(6.01배), 복지 관련업(4.17배)보다 높다. 유효구인배율은 구직자 수 대비 구인자 수의 비율을 나타낸 것으로 숫자가 높을수록 구인난이 심하다는 것을 의미한다.

도쿄에서 보안 관련 업체 13~14곳이 인력을 구하고 있지만 지원자는 1명에 불과한 셈이다. 니혼게이자이는 “드론 가격은 계속 저렴해지는 데다 경비원 확보를 위한 수고도 줄일 수 있는 까닭에 드론 서비스 확대는 보안 요금을 인하하는 계기가 될 것”이라고 전망했다.

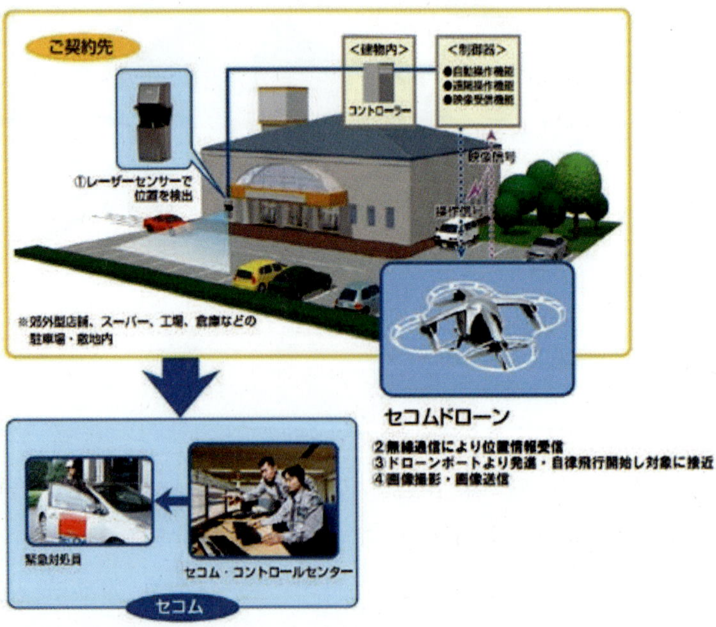

▲ 세콤 드론의 동작 예 (이미지 = 세콤)

법정 근로시간을 초과해 야근하는 직원들이 있는지 살피는 일도 드론 경비원의 중요한 업무가 될 것이란 분석이다. 일본 정부가 초과 근무를 월 60시간으로 제한한 법안을 내년 4월 시행하기로 하면서 기업들은 총무팀이나 인사팀 직원을 동원해 야근자를 점검하고 있다. 드론 경비원을 활용하면 야근 점검에 필요한 인력 낭비도 줄어들 전망이다.

9. 보험회사

보험회사에서 무슨 드론을 사용할까 의문을 가질 수 있을 것이다. 보험회사용 드론은 바로 에스코트해주는 서비스를 제공한다. 가로등이 없는 사각지역이나 의심나는 지역 또는 건물내부를 확인하고자 할 때 사용하는 드론으로 집중 확인이 가능하다. 군집드론으로 여러대를 한번에 비행해서 원하는 지역에 조명지원 또한 가능하다. 범죄는 외곽, 어두운 곳에서 발생빈도가 높아서 영국의 한 보험회사에서 스마트폰으로 에스코트를 요청시 조명이 탑재된 드론을 보내주는 서비스를 준비중이다.

에스코트드론은 학생이나 여성들이 주로 고객이 될 것이며, 야간에 고속도로나 차도위에 차량이 고장나서 안전을 위해 경고용 드론으로도 운용 될 수 있다.

〈영국의 보험회사에서 제공하는 에스코트 조명드론〉

보험회사는 사고를 줄이기 위해 드론을 운용할 수 있다. 1차적인 사고도 있지만 2차사고는 더큰 인명과 재산피해를 나게 할 수 있다. 차량 1대가 고속도로에서 고장이 나서 비상깜빡이를 켜고 있지만 안개로 인해 시야가 줄어들 경우 앞차를 알지 못한다. 이때 고속도로 순찰차량들이 이런 사항들을 대처 하는데는 시간이 걸린다. 이럴 때 조명과 안내문을 부착한 드론이 안내를 해준다면 2차사고를 방지할 수 있다. 그럼 보험회사는 손해율이 줄어들어 소득이 늘어날 것이기 때문에 앞으로 추진할 것으로 전망된다.

10. 드론경호

평창동계올림픽 경호안전통제단 관계자들이 3일 평창동계올림픽 개회식 리허설에서 국별 차량기동 예행연습을 하고 있다 2018.2.4 대통령 경호처 제공

평창 동계올림픽 대회간 방문하는 국빈경호에 첨단 IT기술이 동원되었다. 경기장, 행사장 주변에 드론을 뛰워 특이사항을 조기에 파악하고, 3차원 지형정보시스템에 기반한 영상, 사진 정보를 활용해 저격포인트로 쉽게 찾아

낼 수 있었다. 평창올림픽 경호안전통제단은 대통령이 참석하는 행사장 주변 수림지나 산악지역 수색에 활용시 드론에 고화질 카메라와 열화상카메라 등을 부착해 경기장 일대에서 사용했다. 종합상황실에서 각 이동로의 교통 상황 기습시위 여부 등을 확인할 수 있었고, 의심나는 움직임도 포착 가능했다. 운용요원들은 장비조작, 영상분석, 상황전파 등에 대한 훈련을 진행해왔다. 행사장에서 드론활용해서 구체적인 경호조치를 취하는 것은 평창올림픽이 첫 사례이다.

통제단은 드론이 경호에 사용되면서 산악 수색, 군견 등 동원될 인력과 군견이 줄어들 것이고, 드론작전팀이 확대적용 될 것이라 전망했다. 여러 상황에서 시험을 통해 기능과 성능을 충분히 확인했다. 강풍이나 강설, 상황이 아니라면 효율적인 경호장비로 쓰일 것이다.

드론경호팀에서는 평창올림픽 전에 드론에 열화상카메라를 장착해 개회식장 일대를 수색했다고 전했다. 또한 GIS 기반 정보 등은 위성영상이나 항공사진 형태로 모니터링 상황시스템에 표시돼 실시간 대응이 가능해진다. 외부행사장의 주변 범위를 지정하면 저격가시권을 손쉽게 파악할 수 있다. 올림픽프라자에서 유효사거리 1,000m의 저격 포인트를 찾아내는 등 취약지점을 분석할 수 있다.

* GIS [Geographic Information System] 일반 지도와 같은 지형정보와 함께 지하시설물 등 관련 정보를 인공위성으로 수집, 컴퓨터로 작성해 검색, 분석할 수 있도록 한 복합적인 지리정보시스템이다. 국토계획 및 도시계획, 수자원관리, 통신·교통망 가설, 토지관리, 지하매설물 설치 등의 분야에서 필요성이 강조되고 있다.

제 6 장 초경량비행장치 무인멀티콥터

학과시험자료

- 항공법규
- 항공기상
- 무인비행장치
- 항공역학(비행원리)

제6장 학과시험자료

항공법규

01 다음 초경량비행장치 종류 중 자이로플랜은 어디에 포함되는가?

① 동력비행장치 ② 회전익비행장치
③ 무인비행장치 ④ 기구류

해설 회전익 비행장치에는 초경량헬리콥터와 초경량 자이로플랜이 포함된다.

02 다음 초경량비행장치의 사고 발생 시 최초보고 사항이 아닌 것은?

① 조종자 및 그 초경량비행장치 소유자 등의 성명 또는 명칭
② 사고가 발생한 일시 및 장소
③ 초경량비행장치의 종류 및 신고번호
④ 사고의 세부적인 원인

해설 최초 보고시는 사고의 개략적인 경위만 보고한다.

03 다음 공역의 종류 중 통제공역은?

① 초경량비행장치 비행제한구역 ② 훈련구역

③ 군작전구역 ④ 위험구역

해설 통제구역은 비행금지구역, 비행제한구역, 초경량비행제한구역이다.

04 통제구역에 해당하는 것은?

① 비행금지구역 ② 위험구역
③ 경계구역 ④ 훈련구역

05 조종자 준수사항 위반시 1차 과태료는?

① 5만원 ② 10만원
③ 20만원 ④ 30만원

해설 1차는 20만원, 2차는 100만원, 3차는 200만원

06 초경량비행장치의 비행계획승인이나 각종 신고는 누구에게 하는가?

① 대통령 ② 국토부장관
③ 지방항공청장 ④ 시도지사

07 우리나라 항공관련법규(항공안전법, 항공사업법, 공항시설법)의 기본이 되는 국제법은?

① 미국의 항공법 ② 일본의 항공법
③ 중국이 항공법 ④ 국제민간항공협약 및 같은 협약의 부속서

08 초경량비행장치 무인멀티콥터의 안전성인증은 어느 기관에서 실시하는가?

① 교통안전공단 ② 지방항공청
③ 항공안전기술원 ④ 국방부

09 **초경량비행장치의 사업범위가 아닌 것은?**

① 농약살포 ② 항공촬영
③ 산림조사 ④ 야간정찰

10 **지표면 또는 수면으로부터 200m 이상 높이의 공역으로서 항공교통의 안전을 위하여 지정한 공역은?**

① 관제권 ② 관제구
③ 비행정보구역 ④ 항공로

11 **비행금지구역, 비행제한구역, 위험구역 설정 등의 공역을 제공하는 것은?**

① AIC ② AIP
③ AIRAC ④ NOTAM

12 **지방항공청장에게 기체 신고 시 필요 없는 것은?**

① 초경량비행장치를 소유하거나 사용할 수 있는 권리가 있음을 증명하는 서류
② 초경량비행장치의 제원 및 성능표
③ 초경량비행장치의 사진
④ 초경량비행장치의 제작자

13 **다음 중 초경량비행장치가 아닌 것은?**

① 동력비행장치 ② 초급활공기
③ 낙하산류 ④ 동력패러글라이더

14 **초경량비행장치 소유자의 주소변경 시 신고기간은?**

① 15일 ② 30일

③ 60일 ④ 90일

15 말소 신고를 하지 않았을 시 최대 과태료는?

① 5만원 ② 15만원
③ 30만원 ④ 50만원

16 비관제공역에 대한 설명 중 맞는 것은?

① 항고교통 조언업무와 비행정보업무가 제공되도록 지정된 공역
② 항공사격, 대공사격 등으로 인한 위험한 공역
③ 지표면 또는 수면으로부터 200m 이상 높이의 공역
④ 항공기 또는 지상시설물에 대한 위험이 예상되는 공역

17 초경량비행자치 멀티콥터의 일반적인 비행 시 비행고도 제한 높이는?

① 50m ② 100m
③ 150m ④ 200m

해설 150m 이상시 승인을 득해야 한다.

18 초항공기의 항행안전을 저해할 우려가 있는 장애물 높이가 지표 또는 수면으로부터 몇 미터 이상이면 항공장애 및 항공장애 주간표지를 설치해야 하는가?(단 장애물 제한구역 외에 한 한다)

① 50m ② 100m
③ 150m ④ 200m

해설 공항시설법 시행규칙 #9 - 주야간 150m

19 **국토교통부령으로 정하는 초경량비행장치를 사용하여 비행하려는 사람은 비행안전을 위한 기술상의 기준에 적합하다는 안전성인증을 받아야 한다. 다음 중 안전성 인증 대상이 아닌 것은?**

① 무인기구류 ② 무인비행장치
③ 회전익비행장치 ④ 착륙장치가 없는 동력패러글라이더

해설 안전성인증을 받아야하는 초경량비행장치 : 동력비행장치, 회전익비행장치, 동력패러글라이더, 기구류(사람이 탑승하는 것만 해당), 무인비행장치 등

20 **초경량비행장치 비행계획 승인 시 포함되지 않는 것은?**

① 비행경로 및 고도 ② 동승자의 소지자격
③ 초종자의 비행경력 ④ 비행장치의 종류 및 형식

해설 항공안전법 시행규칙 별지 제122호 서식 비행계획서 참조

21 **초경량비행장치의 비행계획 제출 시 포함되지 않는 것은?**

① 비행경로 및 고도 ② 동승자의 소지자격
③ 초종자의 비행경력 ④ 비행장치의 종류 및 형식

22 **동력비행장치는 자체 중량이 몇 킬로그램 이하 이어야 하는가?**

① 70kg ② 100kg
③ 115kg ④ 250kg

해설 동력비행장치-115kg이하, 인력활공기-70kg이하, 무인동력비행장치-150kg이하, 무인비행선-180kg이하

23 **국토교통부장관에게 소유신고를 하지 않아도 되는 것은?**

① 동력비행장치 ② 초경량헬리콥터
③ 초경량자이로플레인 ④ 계류식무인비행장치

해설 신고를 필요로 하지 않는 초경량비행장치 〉 계류식 무인비행장치 등 9가지이며, 항공안전법 시행령 제24조 참조

24 **항공시설, 업무, 절차 또는 위험요소의 신설, 운영상태 및 그 변경에 관한 정보를 수록하여 전기통신 수단으로 항공종사자들에게 배포하는 공고문은?**

① AIC ② AIP

③ AIRAC ④ NOTAM

해설 AIP(Aeronautical Information Publication) : 해당국가에서 비행하기 위해 필요한 항법 관련 정보로 항공정보간행물 AIRAC(Aeronautical Infomation Rerulation And Control) : 정해진 cycle에 따라 최신으로 규칙적으로 개정되는 것

25 **비행금지구역, 제한구역, 위험구역 설정 등의 공역을 제공하는 것은?**

① NOTAM ② AIC

③ AIP ④ AIRAC

26 **초경량비행장치의 멸실 등이 사유로 신고를 말소할 경우에 그 사유가 발생한 날부터 며칠 이내에 지방항공청장에게 말소신고를 제출하여야 하는가?**

① 5일 ② 10일

③ 15일 ④ 30일

해설 변경신고는 30일, 멸실신고는 15일

27 **초경량비행장치 조종자 자격시험에 응시할 수 있는 최소 연령은?**

① 만 12세 이상 ② 만 13세 이상

③ 만 14세 이상 ④ 만 18세 이상

해설 조종자 자격시험은 만 14세, 지도조종자는 만20세 이상

28 **항공안전법에서 정한 용어의 정의가 맞는 것은?**

① 관제구라 함은 평균해수면으로부터 500미터 이상 높이의 공역으로서 항공교통의 통제를 위하여 지정된 공역을 말한다.

② 항공등화라 함은 전파, 불빛, 색채 등으로 항공기 항행을 돕기 위한 시설을 말한다.

③ 관제권이라 함은 비행장 및 그 주변의 공역으로서 항공교통의 안전을 위하여 지정된 공역을 말한다.

④ 항행안전시설이라 함은 전파에 의해서만 항공기 항행을 돕기 위한 시설을 말한다.

해설 관제구 - 지표면 또는 수면으로부터 200m이상 높이의 공역으로서 항공교통의 안전을 위하여 지정한 공역
항공등화 - 불빛을 이용하여 항공기의 항행을 돕기 위한 항행안전시설
항행안전시설 - 유선통신, 무선통신, 불빛, 색채 또는 형상을 이용하여 항공기의 항행을 돕기 위한 시설

29 **초경량비행장치 멀티콥터 조종자 전문교육기관이 확보해야 할 지도종자의 최소 비행시간은?**

① 50시간 ② 100시간
③ 150시간 ④ 200시간

해설 비행시간이 100시간 이상인 지도조종자 1명, 150시간 이상인 실기평가조종자 1명 이상

30 **초경량비행장치에 의하여 중사고가 발생한 경우 사고조사를 담당하는 기관은?**

① 관할 지방항공청 ② 항공교통통제소
③ 교통안전공단 ④ 항공철도조사위원회

해설 항공기, 경량항공기, 초경량비행장치 등 항공사고 조사는 모두 담당

31 초경량비행장치 사고발생시 사고조사를 담당하는 기관은?

① 관할 지방항공청장　② 항공교통관제소
③ 교통안전공단　④ 철도, 항공사고조사위원회

32 R-75 제한구역의 설명 중 가장 적절한 것은?

① 서울지역 비행제한구역　② 군사격장, 공수낙하훈련장
③ 서울지역 비행금지구역　④ 초경량비행장치 전용공역

33 비행금지구역의 통제관할기관으로 맞지 않은 것은?

① P-73A/B 서울지역 : 수도방위사령부
② P-518 휴전선 지역 : 합동참모본부
③ P-61~65 A구역 : 합동참모본부
④ P-61~65 B구역 : 각 군사령부

해설 P-61~65 B구역은 각 지방항공청에서 통제한다.

34 일반적인 비행금지 사항에 대한 설명 중 맞는 것은?

① 서울지역 P-73A/B 구역의 건물 내에서는 야간에도 비행이 가능하다.
② 한적한 시골지역 유원지 상공의 150m 이상 고도에서 비행이 가능하다.
③ 초경량비행장치 전용공역에서는 고도 150m 이상, 야간에도 비행이 가능하다.
④ 아파트 놀이터나 도로 상공에서는 비행이 가능하다.

해설 ②③은 반드시 승인을 받아야 하고, ④지역에서 비행 시 조종자 준수사항 위반이 된다.

35 초경량비행장치의 설계 및 제작 후 최초로 안전성 인증검사를 받기 위해 행하는 검사는?

① 초도검사　② 정기검사
③ 수시검사　④ 재검사

36 **취미활동 오락용 무인비행장치의 운용에 대한 설명으로 틀린 것은?**

① 취미활동, 오락용 무인비행장치 조종자도 조종자 준수사항을 준수하여야 한다.
② 타 비행체와의 충돌방지와 제3자 피해를 위한 안전장치를 강구하여야 한다.
③ 무게가 작고 소형인 취미, 오락용 비행장치도 비행금지구역이나 관제권에서 비행시 허가를 받아야 한다.
④ 취미활동, 오락용 무인비행장치는 소형이라서 아파트나 도로상공에서 비행이 가능하다.

해설 ④ 조종자 준수사항으로 규제하여 불가한다.

37 **우리나라의 항공안전법의 목적으로 틀린 것은?**

① 항공기, 경량항공기 또는 초경량비행장치가 안전하게 항행하기 위한 방법을 정한다.
② 국민의 생명과 재산을 보호한다.
③ 항공기술 발전에 이바지한다.
④ 국제민간항공기구에 대응한 국내 항공 산업을 보호한다.

38 **초경량비행장치의 비행안전을 확보하기 위하여 초경량비행장치의 비행활동에 대한 제한이 필요한 공역은?**

① 관제공역 ② 주의공역
③ 훈련공역 ④ 비행제한공역

39 **초경량비행장치 사용자의 준용규정 설명으로 맞지 않는 것은?**

① 주류섭취에 관하여 항공종사자와 동일하게 0.02% 이상 제한을 적용한다.
② 항공종사자가 아니므로 자동차 운전자규정인 0.05% 이상을 적용한다.
③ 마약류 관리에 관한 법률 제2조제1호에 따른 마약류 사용을 제한한다.
④ 화학물질관리법 제22조1항에 따른 환각물질의 사용을 제한한다.

해설 항공안전법 제131조 준용규정에 의거 항공안전법 제57조를 준용하여야 한다.

40 2017년 후반기 발의된 특별승인과 관련된 내용으로 맞지 않은 것은?

① 조건은 야간에 비행하거나 육안으로 확인할 수 없는 범위내에서 비행할 경우를 말한다.
② 승인시 제출 포함내용은 무인비행장치의 종류, 형식 및 제원에 관한 서류
③ 승인시 제출 포함내용은 무인비행장치의 조작방법에 관한 서류
④ 특별비행 승인이므로 모든 무인비행장치는 안전성 인증서를 제출하여야 한다.

해설 안전성인증서는 대상에 해당하는 무인비행장치만 제출한다.

41 다음 과태료의 금액이 가장 작은 위반 행위는?

① 조종자 증명을 받지 않고 초경량비행장치를 사용하여 비행한 경우의 1차 과태료
② 조종자 준수사항을 따르지 않고 비행한 경우의 1차 과태료
③ 비행안전의 안전성 인증을 받지 않고 비행한 경우의 1차 과태료
④ 초경량비행장치의 말소신고를 하지 않은 경우의 1차 과태료

해설 ① 30만원 ② 20만원 ③ 50만원 ④ 5만원

42 다음 초경량비행장치 기준 중 무인동력비행장치에 포함되지 않는 것은?

① 무인비행기　　② 무인헬리콥터
③ 무인멀티콥터　　④ 무인비행선

43 우리나라 항공안전법 상 무인비행장치의 기준은 무게를 기준으로 규정하고 있다. 그 설명이 틀린 것은?

① 무인항공기와 무인비행장치의 구분 기준은 150kg 이다.

② 안전성 인증의 기준은 이륙중량 25kg이다.
③ 사업용으로 이용되는 비행장치의 비행 시 조종자격 증명 기준은 자체중량 12kg 이다.
④ 안전성 인증의 기준은 자체중량 25kg이다.

44 **다음 중 초경량비행장치 소유자는 용도가 변경되거나 소유자의 성명, 명칭 또는 주소가 변경 되었을 시 신고기간은?**

① 15일 ② 30일
③ 50일 ④ 60일

45 **다음 중 초경량비행장치의 개념과 기준 중 행글라이더 및 패러글라이더의 무게 기준은?**

① 자체중량 115kg 이하 ② 자체중량 70kg 이하
③ 자체중량 150kg 이하 ④ 자체중량 180kg 이하

해설 동력비행장치, 회전익비행장치, 동력패러글라이더 : 115kg 이하, 행글라이더 및 패러글라이더 : 70kg, 무인동력비행장치 : 150kg, 무인비행선 : 180kg 이하

46 **다음 중 항공안전법 상 초경량비행장치에 포함되지 않는 것은?**

① 동력비행장치 ② 회전익비행장치
③ 동력패러글라이더 ④ 활공기

해설 활공기는 항공기에 포함된다.

47 **초경량비행장치의 종류가 아닌 것은?**

① 초급활공기 ② 동력비행장치
③ 회전익비행장치 ④ 초경량헬리콥터

48 초경량비행장치 무인멀티콥터의 자체 기체중량에 포함되지 않는 것은?

① 기체무게 ② 로터무게
③ 배터리무게 ④ 탑재물

해설 탑재물을 포함하면 이륙중량이 된다.

49 주취 또는 약물복용 판단기준이 아닌 것은?

① 육안판단 ② 소변검사
③ 혈액검사 ④ 알코올 측정검사

50 신고를 필요로 하지 않는 초경량비행장치의 범위가 아닌 것은?

① 길이 7m를 초과하고 연료제외 자체무게가 12kg을 초과하는 무인비행선
② 제작자 등이 판매를 목적으로 제작하였으나 판매되지 아니한 것으로 비행에 사용되지 아니하는 초경량비행장치
③ 연구기관 등이 시험, 조사, 연구 또는 개발을 위해 제작한 초경량비행장치
④ 군사목적으로 사용되는 초경량비행장치

해설 길이 7m 이하이고, 연료제외 자체무게가 12kg 이하 무인비행선은 신고 불필요

51 신고를 필요로 하는 초경량비행장치는?

① 패러글라이더
② 계류식 기구류
③ 무인비행선 중 길이가 7미터 이상인 것으로 비행에 사용하는 초경량비행장치
④ 제작자들이 판매 목적으로 제작하였으나 판매되지 아니한 것으로 비행에 사용하지 아니한 초경량비행장치

52 다음 중 항공종사자가 아닌 사람은?

① 자가용 조종사 ② 부조종사

③ 항공교통 관제사 ④ 무인항공기 운항관련 업무자

해설 항공안전법 제34조(항공종사자 자격증명) 항공업무에 종사하려는 사람은 국토교통부령으로 정하는 바에 따라 항공종사 자격증명을 받아야 한다. 다만 항공업무 중 무인항공기 업무는 그러하지 아니하다라고 규정하고 있다.

53 **다음 중 초경량비행장치의 비행 승인기관에 대한 설명 중 틀린 것은?**

① 고도 150m 이상 비행이 필요한 경우 공역에 관계없이 국토부에 승인 요청
② 민간관제권 지역은 국토부에 비행계획 승인 요청
③ 군 관제권 지역은 국방부에 비행계획 승인 요청
④ 비행금지구역 중 원자력 지역은 지역관할 지방항공청에 비행계획 승인 요청

해설 ④ 원자력 발전소와 연구소 A지역은 국방부(합참)에 B구역은 각 지방항공청에 비행계획 승인 요청

54 **초경량비행장치 무인멀티콥터의 무게가 25kg을 초과 시 안전성 인증을 받아야 하는데 이때 25kg의 기준은 무엇인가?**

① 자체 중량 ② 최대 이륙중량
③ 최대 착륙중량 ④ 적재물을 제외한 중량

55 **초경량비행장치 무인 멀티콥터 조종자격 시험 응시 기준으로 잘못된 것은?**

① 무인헬리콥터 조종자 증명을 받은 사람이 무인멀티콥터 조종자 증명시험에 응시하는 경우 학과시험 면제
② 나이는 만 14세 이상인 사람
③ 무인멀티콥터를 조종한 시간이 총 20시간 이상인 사람
④ 무인헬리콥터 조종자 증명을 받은 사람이 무인멀티콥터를 조종한 시간이 총 20시간 이상인 사람

해설 ④ 무인헬리콥터 조종자 증명을 받은 사람이 무인멀티콥터를 조종한 시간이 10시간 이상인 사람

56 다음 중 항공장애등 설치기준은?

① 300ft(AGL) ② 500ft(AGL)
③ 300ft(MSL) ④ 500ft(MSL)

57 항공종사자의 음주기준은?

① 0.02% ② 0.05%
③ 0.07% ④ 0.1%

항공기상

01 **해수면에서 1,000ft 상공의 기온은 얼마인가?(단 국제표준대기 조건 하)**

① 9°C ② 11°C

③ 13°C ④ 15°C

해설 국제표준대기 조건하에서 해수면의 온도는 15°C이므로 기존 기온을 15°C로 하고 1,000ft당 2°C 감률되므로 15-2=13°C가 된다.

02 **액체 물방울이 섭씨 0°C 이하의 기온에서 응결되거나 액체 상태로 지속되어 남아 있는 물방울을 무엇이라 하는가?**

① 물방울 ② 과냉각 수

③ 빙정 ④ 이슬

해설 과냉각 수는 항공기나 드론 등 비행체에 붙어서 결빙되면 착빙이 된다.

03 **다음 중 기온에 관한 설명 중 틀린 것은?**

① 태양열을 받아 가열된 대기(공기)의 온도이며, 햇빛이 잘 비치는 상태에서의 얻어진 온도이다.

② 1.25~2m 높이에서 관측된 공기의 온도를 말한다.

③ 해상에서 측정 시는 선박의 높이를 고려하여 약 10m 높이에서 측정한 온도를 사용한다.

④ 흡수된 복사열에 의한 대기의 열을 기온이라 하고 대기 변화의 중요한 매체가 된다.

해설 태양열을 받아 가열된 대기(공기)의 온도이며, 햇빛이 가려진 상태에서 10분간의 통풍을 하여 얻어진 온도이다.

04 **다음 중 국제민간항공기구(ICAO)의 표준대기 조건이 잘못된 것은?**

① 대기는 수증기기 포함되어 있지 않은 건조한 공기이다.
② 대기의 온도는 통상적인 0℃를 기준으로 하였다.
③ 해면상의 대기압력은 수은주의 높이 760mm를 기준으로 하였다.
④ 고도에 따른 온도강하는 −56.5℃(-69.7℉)가 될 때까지는 −2℃/1,000ft이다.

해설 대기의 온도는 따뜻한 온대지방의 해면상의 15°C를 기준으로 하였다.

05 **다음 중 고기압에 대한 설명으로 잘못된 것은?**

① 고기압은 주변기압보다 상대적으로 기압이 높은 곳으로 주변의 낮은 곳으로 시계방향으로 불어간다.
② 주변에는 상승기류가 있고 단열승온으로 대기 중 물방울은 증발한다.
③ 구름이 사라지고 날씨가 좋아진다.
④ 중심부근은 기압경도가 비교적 작아 바람은 약하다.

해설 주변에는 하강기류가 있고 단열승온으로 대기 중 물방울은 증발한다.

06 **다음 중 저기압에 대한 설명 중 잘못된 것은?**

① 저기압은 주변보다 상대적으로 기압이 낮은 부분이다. 1기압이라도 주변상태에 의해 저기압이 될 수 있고, 고기압이 될 수 있다.
② 하강기류에 의해 구름과 강수현상이 있고 바람도 강하다.
③ 저기압 내에서는 주위보다 기압이 낮으므로 사방으로부터 바람이 불어 들어온다.
④ 일반적으로 저기압 내에서는 날씨가 나쁘고 비바람이 강하다.

해설 상승기류에 의해 구름과 강수현상이 있고 바람도 강하다.

07 **일기도 상에서 등압선의 설명 중 맞는 것은?**

① 조밀하면 바람이 강하다.

② 조밀하면 바람이 약하다.
③ 서로 다른 기압지역을 연결한 선이다.
④ 조밀한 지역은 기압경도력이 매우 작은 지역이다.

08 다음 중 푄현상의 설명과 거리가 먼 것은?

① 우리나라의 푄현상은 늦봄에서 초여름에 걸쳐 동해안에서 태백산맥을 넘어 서쪽 사면으로 부는 북동 계열의 바람이다.
② 동쪽에서 서쪽으로 공기가 불어 올라갈 때에 수증기가 응결되어 비나 눈이 내리면서 상승한다.
③ 습하고 찬 공기가 지형적 상승과정을 통해서 저온 습한 바람으로 변하되는 현상이다.
④ 지형적 상승과 습한 공기의 이동 그리고 건조단열기온감률 및 습윤단열기온률이다.

해설 습하고 찬 공기가 지형적 상승과정을 통해서 고온 건조한 바람으로 변하되는 현상이다.

09 다음 중 착빙의 종류에 포함되지 않는 것은?

① 서리착빙
② 거친착빙
③ 맑은 착빙
④ 이슬착빙

해설 ① induction(흡입) : −7°C ~21°C, 상대습도 80% 이상일 때 보통 발생
- Carburtor Icing
- Intake Icing : 항공기 표면온도가 0°C 이하로 냉각 시 발생. 상대습도가 10% 이하의 맑은 대기에서도 발생 가능

② Strutural (구조물)
- 서리착빙(Frost) :백색, 얇고 부드럽다. 수증기가 0°C 이하로 물체에 승화
- 거친착빙 (Rime) : 백색, 우유빛, 불투명, 부서지기 쉽다. 층운에서 형성된 작은 물발울이 날개표면에 부딪혀 형성(→ −10 ~ −20°C, 층운형이나 안개비 같은 미소수적의 과냉각 수적 속을 비행할 때 발생)
- 맑은 착빙(Clear) : 투명, 견고함. 매끄럽다. 온난전선 역전 아래의 적운이나 얼음비에서 발견되는 비교적 큰 물방울이 항공기 기체위를 흐르면서 천천히 얼 때 생성, 착빙 중 가장 위험(가장 빠른 축적 및 Rime Icing보다 떼어내기 곤란, 0~−10°C, 적운형 구름에서 주로 발생)

10 **다음 중 온난전선이 지나가고 난 뒤 일어나는 현상은?**

① 기온이 올라간다. ② 기온이 내려간다.
③ 바람이 강하다. ④ 기압은 내려간다.

해설 온난전선이 지나간 후 기온이 올라가고, 바람은 약하고, 기압은 일정하다.

11 **다음은 난류의 종류 중 무엇을 설명한 것인가?**

> "항공기가 슬립(편요, 요잉), 피칭, 롤링을 느낄 수 있으며 상당한 동요를 느끼고 몸이 들썩할 정도로 항공기 평형과 비행 방향유지를 위해 극심한 주의가 필요하다. 지상풍이 25Kts 이상의 지상풍일 때 존재한다."

① 약한 난류 ② 보통 난류
③ 심한 난류 ④ 극심한 난류

해설 약한 난류는 항공기 조종에는 크게 영향을 미치지 않으며, 비행방향유지에 지장이 없는 상태의 요란을 의미하나 소형 드론에는 영향을 미칠 수 있다. 25kts미만의 지상풍에 존재
심한 난류는 항공기 고도 및 속도가 급격히 변화되고 순간적으로 조종 불능상태가 되는 요란기류이다. 항공기는 조종이 곤란하고 좌석벨트를 착용해도 정 자세유지가 곤란하다. 풍속이 50kts이상이다.
극심한 난류는 항공기가 심하게 튀거나 조종 불가능한 상태를 말하고 손상을 초래할 수 있다. 풍속 50kts이상의 산악파에서 발생하며 뇌우, 폭우 속에서 존재한다.

12 **난류의 강도 종류 중 맞지 않은 것은?**

① 약한 난류(LGT)는 항공기 조종에 크게 영향을 미치지 않으며, 비행방향과 고도유지에 지장이 없다.
② 보통난류(MOD)는 상당한 동요를 느끼고 몸이 들썩할 정도로 순간적으로 조종불능상태가 될 수도 있다.
③ 심한 난류(SVR)는 항공기 고도 및 속도가 급속히 변화되고 순간적으로 조종불능 상태가 되는 정도이다.
④ 극심한 난류(XTRM)은 항공기가 심하게 튀거나 조종 불가능한 상태를 말하고 항공기 손상을 초래할 수 있다.

해설 난류의 강도종류는 약한 난류, 심한 난류, 극심한 난류가 있다.

13 **다음 중 시정장애물의 종류가 아닌 것은?**

① 황사 ② 바람
③ 먼지 및 화산재 ④ 연무

14 **다음 대기권의 분류 중 지구표면으로부터 형성된 공기층으로 평균 12Km높이로 지표면에서 발생하는 대부분의 기상현상이 발생하는 지역은?**

① 대류권 ② 대류권계면
③ 성층권 ④ 전리층

15 **다음 중 뇌우발생 시 함께 동반하지 않는 것은?**

① 폭우 ② 우박
③ 소나기 ④ 번개

해설 뇌우 발생 시 함께 동반하는 현상은 폭우, 우박, 번개, 눈, 천둥, 다운버스트, 토네이도 등.

16 **유체의 수평적 이동현상으로 맞는 것은?**

① 복사 ② 이류
③ 대류 ④ 전도

해설 대기의 수평이동과 마찬가지 수평적 이동은 이류임.

17 **METRA(항공정기기상보고)에서 +RA FG는 무슨 뜻인가?**

① 보통비와 안개가 낌 ② 강한비와 강한안개

③ 보통비와 강한안개 ④ 강한비 이후 안개

해설 +RA :강한 비(+ :강함, – : 약함, 중간은 없음), FG:안개

18 **항공기 착빙에 대한 설명으로 틀린 것은?**

① 양력감소 ② 항력증가
③ 추진력감소 ④ 실속속도 감소

19 **한랭전선의 특징 중 틀린 것은?**

① 적운형 구름이 발생한다.
② 좁은 범위에 많은 비가 한꺼번에 쏟아지거나 뇌우를 동반한다.
③ 기온이 급격히 떨어지고, 천둥과 번개 그리고 돌풍을 동반한 강한 비가 내린다.
④ 층운형 구름이 발생하고 안개가 형성된다.

20 **온난전선의 특징 중 틀린 것은?**

① 층운형 구름이 발생한다.
② 넓은 지역에 걸쳐 적은 양의 따뜻한 비가 오랫동안 내린다.
③ 찬 공기가 밀리는 방향으로 기상변화가 진행한다.
④ 천둥과 번개 그리고 돌풍을 동반한 강한 비가 내린다.

21 **고기압과 저기압에 대한 설명으로 맞는 것은?**

① 고기압 : 북반구에서 시계방향으로, 남반구에서는 반시계방향으로 회전한다.
저기압 : 북반구에서 반시계방향으로, 남반구에서는 시계방향으로 회전한다.
② 고기압 : 북반구에서 반시계방향으로, 남반구에서는 시계방향으로 회전한다.
저기압 : 북반구에서 시계방향으로, 남반구에서는 반 시계방향으로 회전한다.
③ 고기압 : 북반구에서 시계방향으로, 남반구에서는 시계방향으로 회전한다.
저기압 : 북반구에서 반시계방향으로, 남반구에서는 시계방향으로 회전한다.

④ 고기압 : 북반구에서 반시계방향으로, 남반구에서는 시계방향으로 회전한다.
저기압 : 북반구에서 반시계방향으로, 남반구에서는 시계방향으로 회전한다.

22 **북반구에서 고기압의 바람 방향과 형태로 맞는 것은?**

① 고기압을 중심으로 시계방향으로 회전하고 발산한다.
② 고기압을 중심으로 시계방향으로 회전하고 수렴한다.
③ 고기압을 중심으로 반시계방향으로 회전하고 발산한다.
④ 고기압을 중심으로 반시계방향으로 회전하고 수렴한다.

23 **고기압의 북반구에서 바람의 방향으로 옳은 것은?**

① 시계방향으로 중심부로 수렴한다.
② 반시계방향으로 중심부로 수렴한다.
③ 시계방향으로 중심부로 발산한다.
④ 반시계방향으로 중심부로 발산한다.

24 **cumulonimbus clouds와 nimbostratus cloud의 공통적인 특징은?**

① rain(비)
② 수평으로 발달한 형태이고 안정된 공기
③ 수직으로 발달한 형태이고 불안정한 공기
④ 수직으로 발달한 형태이고 안정된 공기

25 **시정에 관한 설명으로 틀린 것은?**

① 시정이란 정상적인 눈으로 먼 곳의 목표물을 볼 때 인식될 수 있는 최대 거리이다.
② 시정을 나타내는 단위는 mile이다.
③ 시정은 한랭기단 속에서는 시정이 나쁘고 온난 기단에서는 시정이 좋다.

④ 시정이 가장 나쁜 날은 안개 낀 날과 습도가 70% 넘으면 급격히 나빠진다.

해설 시정은 한랭 기단 속에서는 시정이 좋고, 온난 기단에서는 시정이 나쁘다.

26 **안개의 발생조건인 수증기 응결과 관련이 없는 것은?**

① 공기 중에 수증기 다량 함유
② 공기가 노점온도 이하로 냉각
③ 공기 중 흡습성 미립자 즉 응결핵이 많아야 한다.
④ 지표면 부근의 기온 역전 해소 될 때

27 **풍속의 단위 중 주로 멀티콥터 운용 시 사용되는 것은?**

① NM/M(kt)
② SM/H(MPH)
③ km/h
④ m/sec

28 **안정된 대기란?**

① 층운형 구름
② 지속적 안개와 강우
③ 시정 불량
④ 안정된 기류

29 **바람에 관한 설명 중 틀린 것은?**

① 풍향은 관측자를 기준으로 불어오는 방향이다.
② 풍향은 관측자를 기준으로 불어가는 방향이다.
③ 바람은 공기의 흐름이다. 즉 운동하고 있는 공기이다.
④ 바람은 수평방향의 흐름을 지칭하며, 고도가 높아지면 지표면 마찰이 적어 강해진다.

30 바람이 발생하는 원인은?

① 공기 밀도 차이　　② 기압 경도
③ 고도 차이　　④ 지구의 자전과 공전

해설 바람은 공기 흐름의 유발이며, 태양에너지에 의한 지표면의 불균형 가열에 의한 기압차이로 발생한다.
아울러 기압경도는 공기의 기압변화율로 지표면의 불균형 가열로 발생하며 기압경도력은 기압경도의 크기 즉 힘을 말한다.

31 다음 착빙의 종류 중 투명하고, 견고하며, 고르게 매끄럽고, 가장 위험한 착빙은?

① 서리 착빙　　② 거친 착빙
③ 맑은 착빙　　④ Intake 착빙

32 다음 중 시정에 직접적인 영향을 미치지 않는 것은?

① 바람　　② 안개
③ 황사　　④ 연무

33 다음 중 공기밀도가 높아지면 나타나는 현상으로 맞는 것은?

① 입자가 증가하고 양력이 증가한다.
② 입자가 증가하고 양력이 감소한다.
③ 입자가 감소하고 양력이 감소한다.
④ 입지가 감소하고 양력이 감소한다.

34 대기압이 높아지면 양력과 항력은 어떻게 변화는가?

① 양력 증가, 항력 증가
② 양력 증가, 항력 감소
③ 양력 감소, 항력 증가

④ 양력 감소, 항력 감소

해설 대기압이란 물체 위의 공기에 작용하는 단위 면적 당 공기의 무게로서 대기 중에 존재하는 기압은 지역과 공역마다 다르다. 대기압의 변화는 바람을 유발하는 원인이 되고 이는 곧 수증기 순환과 항공기 양력과 항력에 영향을 미친다. 따라서 대기압이 높아지면 양력이 증가하고 양력증가에 따른 항력도 증가한다.

35 **고기압에 대한 설명 중 틀린 것은?**

① 중심부근에는 하강기류가 있다.
② 북반구에서의 바람은 시계방향으로 회전한다.
③ 구름이 사라지고 날씨가 좋아진다.
④ 고기압권내에서는 전성형성이 쉽게 된다.

해설 고기압권내에서는 전선형성이 어렵다.

36 **저기압에 대한 설명 중 틀린 것은?**

① 주변보다 상대적으로 기압이 낮은 부분이다.
② 하강기류에 의해 구름과 강수현상이 있다.
③ 저기압은 전선의 파동에 의해 생긴다.
④ 저기압 내에서는 주위보다 기압이 낮으므로 사방으로부터 바람이 불어 들어온다.

해설 저기압 지역의 기류는 상승기류이다.

37 **다음 물체의 온도와 열에 관한 용어의 정의 중 틀린 것은?**

① 물질의 온도가 증가함에 따라 열에너지를 흡수할 수 있는 양은 열량이다.
② 물질 1g의 온도를 1℃ 올리는데 요구되는 열은 비열이다.
③ 일반적인 온도계에 의해 측정된 온도를 현열이라 한다.
④ 물질의 하위상태로 변화시키는데 요구되는 열에너지를 잠열이라 한다.

해설 잠열 : 물질의 상위 상태로 변화시키는데 요구되는 열에너지

38 찬 공기와 따뜻한 공기의 세력이 비슷할 때는 전선이 이동하지 않고 오랫동안 같은 장소에 머무르는 전선은?

① 한랭전선 ② 온난전선
③ 정체전선 ④ 폐색전선

39 맞바람과 뒷바람의 항공기에 미치는 영향 설명 중 틀린 것은?

① 맞바람은 항공기의 활주거리를 감소시킨다.
② 뒷바람은 항공기의 활주거리를 감소시킨다.
③ 뒷바람은 상승률을 저하시킨다.
④ 맞바람은 상승률을 증가시킨다.

40 운량의 구분 시 하늘의 상태가 1/8~5/8일 때를 무엇이라 하는가?

① CLR ② SCT
③ BKN ④ OVC

해설 CLR(Clear) SCT(Scattered) BKN(Broken) ④ OVC(Overcast)

41 다음 중 3/8~4/8인 운량은 어느 것인가?

① clear ② scattered
③ broken ④ overcast

42 다음 구름의 종류 중 하층운(2km미만) 구름이 아닌 것은?

① 층적운 ② 층운
③ 난층운 ④ 권층운

해설 권층운은 상층운에 포함된다.

43 다음 구름의 종류 중 수직 운(3km 미만) 구름은?

① 적란운 ② 난층운
③ 층운 ④ 층적운

해설 수직운은 적운과 적란운이다.

44 현재의 지상기온이 31℃ 일 때 3,000ft 상공의 기온은?(단 ISA 조건이다.)

① 25도 ② 37도
③ 29도 ④ 34도

해설 기온감률은 1000ft 당 2℃ 감소한다.

45 난기류(Turbulence)를 발생하는 주요인이 아닌 것은?

① 인정된 대기상태
② 바람의 흐름에 대한 장애물
③ 대형 항공기에서 발생하는 후류의 영향
④ 기류의 수직 대류현상

해설 난기류 발생의 주 원인 : 대류성 기류, 바람의 흐름에 대한 장애물, 비행난기류

46 안개가 발생하기 적합한 조건이 아닌 것은?

① 대기의 성층이 안정할 것 ② 냉각작용이 있을 것
③ 강한 난류가 존재할 것 ④ 바람이 없을 것

해설 안개의 발생 조건
- 공기 중 수증기 다량 함유, 공기가 노점온도 이하로 냉각, 공기 중에 응결핵이 많아야 하고, 공기 속으로 많은 수증기 유입, 바람이 약하고 상공에 기온이 역전

안개가 사라질 조건
- 지표면이 따뜻해져 지표면 부근의 기온역전, 지표면 부근 바람이 강해져 난류에 의한 수직 방향으로 상승시, 공기가 사면을 따라 하강하여 기온이 올라감에 따라 입자

가 증발시, 신선하고 무거운 공기가 안개 구역으로 유입되어 안개가 상승하거나 차가운 공기가 건조하여 안개가 증발할 때 등

47 **다음 중 기압에 대한 설명 중 틀린 것은?**

① 일반적으로 고기압권에서는 날씨가 맑고 저기압권에서는 날씨가 흐린 경향을 보인다.
② 북반구 고기압 지역에서 공기흐름은 시계방향으로 회전하면서 확산된다.
③ 등압선의 간격이 클수록 바람이 약하다.
④ 해수면 기압 또는 동일한 기압대를 형성하는 지역에 따라서 그은 선을 등고선이라 한다.

해설 등고선이 아니라 등압선이라 한다.

48 **주로 봄과 가을에 이동성 고기압과 함께 동진해 와서 따뜻하고 건조한 일기를 나타내는 기단은?**

① 오호츠크해 기단 ② 양쯔강 기단
③ 북태평양 기단 ④ 적도 기단

49 **바람에 대한 설명으로 틀린 것은?**

① 풍속의 단위는 m/s, Knot 등을 사용한다.
② 풍향은 지리학 상의 진북을 기준으로 한다.
③ 풍속은 공기가 이동한 거리와 이에 소요되는 시간의 비(比)이다.
④ 바람은 기압이 낮은 곳에서 높은 곳으로 흘러가는 공기의 흐름이다.

해설 기압은 높은 곳에서 낮은 곳으로 이동하는 특성이 있다.

50 **공기밀도에 관한 설명으로 틀린 것은?**

① 온도가 높아질수록 공기밀도도 증가한다.

② 일반적으로 공기밀도는 하층보다 상층이 낮다.
③ 수증기가 많이 포함될수록 공기밀도는 감소한다.
④ 국제표준대기(ISA)의 밀도는 건조공기로 가정했을 때의 밀도이다.

해설 온도가 높으면 공기밀도가 희박하여 감소한다.

51 **착빙(Icing)에 대한 설명 중 틀린 것은?**

① 양력과 무게를 증가시켜 추진력을 감소시키고 항력은 증가한다.
② 거친 착빙도 항공기 날개의 공기 역학에 심각한 영향을 줄 수 있다.
③ 착빙은 날개뿐만 아니라 Carburetor, Pitot관 등에도 발생한다.
④ 습한 공기가 기체 표면에 부딪치면서 결빙이 발생하는 현상이다.

해설 양력 감소, 무게 증가, 추력 감소, 항력 증가

52 **이륙 시 비행거리를 가장 길게 영향을 미치는 바람은?**

① 배풍　　② 정풍
③ 측풍　　④ 바람과 관계없다.

해설 배풍(뒷바람)을 받을 시 이륙거리가 늘어난다.

52 **바람을 느끼고 나뭇잎이 흔들리기 시작할 때의 풍속은?**

① 0.3~1.5m/sec　　② 1.6~3.3m/sec
③ 3.4~5.4m/sec　　④ 5.5~7m/sec

53 **지면에서 약11km까지이며, 대류가 발생하여 기상현상이 나타나는 곳은?**

① 성층권　　② 대류권
③ 중간권　　④ 열권

54 **우리나라 여름기후에 영향을 끼치는 기단은?**

① 양쯔강 기단　　② 시베리아기단
③ 적도기단　　④ 북태평양기단

55 **다음 중 해풍에 대하여 설명한 것 중 가장 적절한 것은?**

① 여름철 해상에서 육지방향으로 부는 바람
② 낮에 해상에서 육지방향으로 부는 바람
③ 낮에 육지에서 바다로 부는 바람
④ 밤에 해상에서 육지 방향으로 부는 바람

56 **안개의 시정은 (　) m인가?**

① 100m　　② 200m
③ 1,000m　　④ 2,000m

무인비행장치

01 멀티콥터에 사용되는 브러시리스 모터의 설명 중 틀린 것은?

① 모터의 수명에 영향을 미치는 브러쉬를 없애므로 수명을 반영구적을 만든 모터이다.
② DC 전압을 조절하면서 회전수를 조절할 수 있어 변속기가 불필요하다.
③ 수명이 반 영구적이다.
④ 전자석에 순차적으로 자성을 발생시키는 변속기(ESC)가 필수적이다.

해설 브러시 직류머터 : DC 전압을 조절하면서 회전수를 조절 할 수 있어 변속기가 불필요하다. 브러시리스 모터는 변속기가 필요하다.

02 지자기 방위 센서 Calibration 시 주의사항을 틀린 것은?

① 10초간 기체를 움직이지 않은 상태에서 배터리를 연결하여 초기화 시킨다.
② Calibration을 실시하는 동안에는 주변에 전자기석의 간섭이 없는 장소에서 실시한다.
③ 근거리에 자동차나 철재 펜스 등이 있는 주차장은 적합하지 않으며 철재물로부터 약 15m 이상 이격장소에서 하는 것이 좋다.
④ 전자식 자동차 열쇠, 휴대폰 등은 크게 영향을 받지 않는다.

해설 전자식 자동차 열쇠, 휴대폰 등은 주머니에서 제거하고 주변에 위치시키지 않는다.

03 위성항법시스템의 무인멀티콥터 활용시의 설명 중 가장 맞는 것은?

① 멀티콥터의 대부분은 GPS시스템을 탑재하고 스스로 위치를 산출하여 자동적으로 공중의 같은 위치에서 정지비행을 할 수 있다.
② GPS 신호는 곡선성이 높고, 반사에 의한 신호는 오차가 거의 발생하지 않게 수신된다.

③ GPS 신호는 높은 건물이 많은 장소, 실내, 구름 층 등 지역에서도 잘 수신된다.
④ 최근 멀티콥터에 탑재되는 GPS 안테나는 고성이므로 1개만으로 신호를 받을 수 있다.

해설 GPS 신호는 1~2Ghz 대역의 주파수로서 직진성이 강하며 건물 등 가시선이 미치지 않는 곳에서 수신이 불량하고, 신호의 오차가 발생한다. 기본적으로 GPS는 최소 3개 이상의 위성신호로 평면상의 위치를 계산할 수 있고, 4개 이상의 위성신호로 3차원의 고도 위치까지 산출 할 수 있다. 정밀도를 높이기 위해서는 멀티콥터는 통상 6개 이상의 위성신호를 이용한다.

04 **다음 중 멀티콥터 배터리 관리 및 운용 방법 중 틀린 것은?**

① 매 비행 시마다 완충된 배터리를 사용하는 것이 좋다
② 전원이 켜진 상태에서 배터리 탈착이 가능하다.
③ 정격 용량 및 정비별 지정된 정품 배터리를 사용해야 한다.
④ 전압 경고가 점등 될 경우 가급적 빨리 복귀 및 착륙시키는 것이 좋다.

05 **다음 중 멀티콥터의 비행 중 모터 중 한 두 개가 정지하여 비행이 불가 시 가장 올바른 대처방법은?**

① 신속히 최기 안전지역에 수직하강하여 착륙시킨다.
② 상태를 기다려 본다.
③ 조종기술을 이용하여 최대한 호버링한다.
④ 최초 이륙지점으로 이동시켜 착륙한다.

06 **윤활유의 역할이 아닌 것은?**

① 마찰 저감작용　　② 냉각작용
③ 응력분산작용　　④ 방빙작용

해설 마찰 저감작용, 냉각작용, 응력분산작용, 밀봉작용, 방청작용, 세정작용, 응착방지 작용 등의 역할을 한다.

07 **다음 중 전자변속기(ESC)의 설명이 틀린 것은?**

① BLDC 모터의 방향과 속도를 제어할 수 있도록 해주는 장치이다.
② Brushed 모터의 방향과 속도를 제어할 수 있도록 해주는 장치이다.
③ 비행제어시스템의 명령값에 따라 적정 전압과 전류를 조절하여 실제 비행체를 제어할 수 있도록 해 준다.
④ 모터를 한 방향으로 회전하도록 만들어지는데 삼상의 전원선을 교차시킴으로서 모터의 회전방향이 반대가 되도록 한다.

08 **다음 중 초경량비행장치에 사용하는 배터리가 아닌 것은?**

① Lipo(리튬 폴리머) ② Nicd(니켈 카드늄)
③ Nizi(니켈 아연) ④ NiCH

해설 NiCH가 아니고 NiMH(니켈 수소)로서 니켈 금속 수소화물 전지(Nickel Metal Hydride Battery)의 약칭

09 **다음 중 초경량비행장치의 비상착륙 시 적절하지 않은 지역은?**

① 해안선 ② 논
③ 웅덩이 ④ 간헐지

10 **엔진오일의 역할이 아닌 것은?**

① 윤활작용 ② 온도상승 방지
③ 기밀 유지 ④ 방빙

11 **1마력을 표현한 것이 아닌 것은?**

① 한 마리의 말이 1초 동안에 75kg의 중량을 1m 움직일 수 있는 일의 크기
② 0.75kw
③ 75kg.m/sec
④ 0.75kg.m/sec

12 **1마력이란?**

① 10kg.m/s ② 25kg.m/s
③ 50kg.m/s ④ 75kg.m/s

13 **비행 전 점검사항이 아닌 것은?**

① 모터 및 기체의 전선 등 점검
② 조종기 배터리 부식 등 점검
③ 호버링을 한다.
④ 기체 배터리 및 전선 상태 점검

14 **비행전 점검사항이 아닌 것은?(2.24기출)**

① 모터 및 기체의 전선 등 점검
② 조종기 배터리 부식 등 점검
③ 스로틀을 상승하여 비행해 본다.
④ 기체 배터리 및 전선 상태 점검

15 **멀티콥터 조종기 테스트 방법 중 가장 올바른 것은?**

① 기체 가까이에서 한다.
② 기체에서 30m 정도 떨어진 곳에서 한다.
③ 기체에서 100m 정도 떨어진 곳에서 한다.
④ 기체의 먼 곳에서 한다.

16 **멀티콥터 조종기 테스트 방법 중 올바른 것은?**

① 기체 바로 옆에서 테스트를 한다.
② 기체에서 30m 정도 떨어져서 레인지 모드로 테스트 한다.
③ 기체에서 100m 정도 떨어져서 일반 모드로 테스트 한다.
④ 기체를 이륙해서 조종기를 테스트를 한다.

17 **초경량비행장치의 배터리 종류가 아닌 것은?**

① NC ② LP
③ Nmh ④ Nich

해설 NC(니겔카드뮴), LP(리튬폴리머), Nmh(니켈(메탈)수소), NZ(니켈아연)

18 **초경량비행장치 비행 중 조작불능 상태 시 가장 먼저 할 일은?**

① 소리를 질러 주변 사람들에게 경고한다.
② 안전하게 착륙하도록 조종하고 불가능시 불시착 시킨다.
③ 원인을 파악한 후 착륙 시킨다.
④ 안전한 지역으로 이동하여 착륙시킨다.

19 **초경량비행장치 비행 중 조작불능 가장 먼저 할 일은?**

① 소리를 크게 쳐서 알린다.
② 조종자 가까이 이동시켜 착륙시킨다.
③ 안전하게 착륙시킨다.
④ 급하게 불시착시킨다.

20 **다음 중 비행 후 점검사항이 아닌 것은?**

① 기체 점검 ② 조종기
③ 이륙 후 시험 비행 ④ 배터리

21 **배터리 소모율이 가장 많은 경우는?**

① 이륙 시 ② 비행 중
③ 착륙 시 ④ 조종기 TRIM의 관한 조작 시

22 **정상적으로 비행 중 기체에 진동을 느꼈을 때 비행 후 조치사항으로 틀린 것은?**

① 로터에 균열이 있는지 정확히 확인한다.

② 조종기와 FC간의 전파에 문제가 있는지 확인한다.

③ 기체의 이음새나 부품의 틈이 헐거워졌는지 확인 후 볼트, 너트 등을 조인다.

④ 짐벌이나 방제용기의 장착상태를 정확히 확인한다.

해설 제작이 잘된 기체로서 진동이 없었던 기체가 진동이 생겼다면 다양한 기계적인 부분을 예상해 볼 수 있으나 조종기와 비행체 사이의 전파문제일 가능성은 희박하다.

23 **Blade Pitch란 무엇인가?**

① 블레이드의 직경

② 블레이드의 피치 각

③ 블레이드가 1회 회전할 때 전진하는 정도

④ 블레이드의 회전면

24 **비행장치의 위치를 확인하는 시스템은 무엇인가?**

① 위성측위 시스템(GPS) ② 자이로 센서

③ 가속도 센서 ④ 지자기 방위센서

25 **브러시 직류 모터와 브러시리스 직류 모터의 특징으로 맞는 것은?**

① 브러시 직류 모터는 반영구적이다.

② 브러시 모터는 안전이 중요한 만큼 대형 멀티콥터에 적합하다.

③ 브러시 리스 모터는 전자변속기(ESC)가 필요 없다.

④ 브러시 모터는 영구적으로 사용할 수 없다는 단점이 있다.

26 **조종자 교육 시 논평(Criticize)를 실시하는 목적은?**

① 잘못을 직접적으로 질책하기 위함

② 지도조종자의 품위 유지를 위함
③ 주변의 타 학생들에게 경각심을 주기 위함
④ 문제점을 발굴하여 발전을 도모하기 위함

27 **로터 점검 시 내용으로 틀린 것은?**

① 로터의 고정상태를 확인한다.
② 로터의 회전방향을 확인한다.
③ 로터의 균열이나 손상여부를 확인한다.
④ 로터의 냄새를 맡아본다.

28 **배터리 보관 방법 중 틀린 것은?**

① 장기간 보관 시 만충하여 보관한다.
② 10일 이상 장기간 사용하지 않을 경우 60~70% 정도까지 방전시켜 보관한다.
③ 비행체에서 분리하여 보관한다.
④ 겨울철에는 춥지 않은 따뜻한 장소에 보관한다.

29 **멀티콥터의 CG는 어디인가?**

① 동체 중앙부분
② 배터리 장착부분
③ 로터 장착부분
④ GPS 안테나 부분

30 **무인 멀티콥터의 구성품이 아닌 것은?**

① 모터와 변속기
② 속도 제어장치
③ 주 로터 블레이드
④ 로터(프로펠러)

해설 멀티콥터는 주 로터 블레이드와 보조 로터 블레이드 개념이 아니라 모두가 동일한 개념임.

31 **인간이 기계와 다른 점은?**

① 새로운 대처방법
② 반복적인 행동
③ 속도가 빠르다.
④ 한꺼번에 많은 것을 처리한다.

32 **큰 규모의 무인멀티콥터 엔진으로 가장 적절한 것은?**

① 전기모터(브러쉬리스 직류)　② 전기모터(브러쉬 직류)
③ 제트엔진　④ 로터리 엔진

33 **회전익 무인비행 장치의 엔진으로 적합한 것은?**

① 전기모터　② 가솔린 엔진
③ 로터리 엔진　④ 터보엔진

34 **메인 블레이드의 밸런스 측정 방법 중 옳지 않은 것은?**

① 메인 블레이드 각각의 무게가 일치하는지 측정한다.
② 메인 블레이드 각각의 중심(C.G)이 일치 하는지 측정한다.
③ 양손에 들어보아 가벼운 쪽에 밸런싱 테잎을 감아 준다.
④ 양쪽 블레이드의 드레그 홀에 축을 끼워 앞전이 일치하는지 측정한다.

해설 손으로만 들어봐서는 테이프 감을 정도의 무게 차이를 알 수 없다.

35 **회전익무인비행장치의 기체 및 조종기의 배터리 점검사항 중 틀린 것은?**

① 조종기에 있는 배터리 연결단자의 헐거워지거나 접촉불량 여부를 점검한다.
② 기체의 배선과 배터리와의 고정 볼트의 고정 상태를 점검한다.
③ 배터리가 부풀어 오른 것을 사용하여도 문제 없다.

④ 기체 배터리와 배선의 연결부위의 부식을 점검한다.

해설 부풀어 오른 배터리는 사용해서는 안된다.

36 **자동제어기술의 발달에 따른 항공사고 원인이 될 수 없는 것이 아닌 것은?**

① 불충분한 사전 학습
② 기술의 진보에 따른 빠른 즉각적 반응
③ 새로운 자동화 장치의 새로운 오류
④ 자동화의 발달과 인간의 숙달 시간차

해설 기술진보에 따라 상황에 대한 더 빠른 반응은 시스템의 성능을 향상시키는 요인이다.

37 **무인멀티콥터의 조종기를 장기간 사용하지 않을 경우 일반적인 관리요령이 아닌 것은?**

① 보관 온도에 상관없이 보관한다.
② 서늘한 곳에 장소 보관한다.
③ 배터리를 분리해서 보관한다.
④ 케이스에 보관한다.

해설 조종기는 장기간 사용하지 않을 경우 배터리를 분리해서 보관하여 배터리 등의 손상으로 인한 조종기 회로 등의 영향을 방지한다. 한편, 배터리와 같이 보관하게 되므로 배터리 보관 요령과 같이 보관관리를 실시한다.

38 **비행 중 조종기의 배터리 경고음이 울렸을 때 취해야 할 행동은?**

① 즉시 기체를 착륙시키고 엔진 시동을 정지 시킨다.
② 경고음이 꺼질 때까지 기다려 본다.
③ 재빨리 송신기의 배터리를 예비배터리로 교환한다.
④ 기체를 원거리로 이동시켜 제자리 비행으로 대기한다.

해설 송신기 배터리 경고음이 울리면 가급적 빨리 복귀시켜 엔진을 정지 후 조종기 배터리를 교체한다.

39 **회전익 무인비행장치의 조종자가 비행 중 주의해야 하는 사항이 아닌 것은?**

① 휴식장소 ② 착륙장의 부유물
③ 비행지역의 장애물 ④ 조종사 주변의 차량 접근

해설 비상착륙장소를 항상 염두에 두고 비행을 실시해야 한다.

40 **전동식 멀티콥터의 기체 구성품과 거리가 먼 것은?**

① 로터(프로펠러) ② 모터와 변속기
③ 자동비행장치 ④ 클러치

해설 클러치는 엔진의 회전력을 차단하는 장치로서 엔진이 장착된 기체에 적용된다.

41 **비행 후 기체 점검 사항 중 옳지 않은 것은?**

① 동력계통 부위의 볼트 조임상태 등을 점검하고 조치한다.
② 메인 블레이드, 테일 블레이드의 결합상태, 파손 등을 점검한다.
③ 남은 연료가 있을 경우 호버링 비행하여 모두 소모시킨다.
④ 송수신기의 배터리 잔량을 확인하여 부족 시 충전한다.

해설 장비 보관일 경우에는 연료를 비워둘 필요가 있으나, 그럴 경우라도 비행으로 소모시킬 필요는 없다.

42 **무인비행장치에 탑재되는 비행 센서로서 적절하지 않은 것은?**

① MEMS 자이로 센서 ② 가속도 센서
③ 기압센서 ④ 유량 센서

해설 무인비행장치에 탑재되는 센서는 자이로센서, 가속도센서, 지자기센서, 기압센서, GPS 수신기 등이다. 유량센서는 탑재된 약재량 등을 측정하거나 연료량을 측정할 수 있는데, 비행데이터 측정과는 관련이 없다.

43 IMU 장치로 측정되는 비행데이테에 해당되는 것은?

① 속도와 고도 ② 고도와 비행자세
③ 가속도와 방위각 ④ 비행자세와 각속도

해설 IMU(Inertial Mesurment Unit, 관성측정장치) 내부에는 자이로스코프, 가속도계, 지자계가 통합된 센서다. IMU 중에서 자이로와 가속도를 가지고 자세를 측정하는 것을 ARS(Attitude Reference System)라고 하고, 자이로와 가속도계에 지자계까지 이용해서 자세를 측정하는 것을 AHRS(Attitude Heaking Reference System)라고 한다. 자이로는 비행자세를 측정하며, 가속도계는 각속도를 측정하고, 지자계는 방위각을 측정한다. IMU를 이용한 항법시스템을 INS(Inertial Navigation System, 관성항법장치)라고 한다.

44 다음 중 무인멀티콥터에 탑재된 센서와 연관성이 옳지 않은 것은?

① MEMS 자이로센서 - 비행자세
② 가속도 센서 - 비행 속도
③ 기압센서 - 비행 속도와 고도
④ AHRS - 방위각

해설 가속도 센서는 각속도를 측정하는 센서로서 IMU에 3축의 자이로와 같이 장착되어 3차원상의 자세 각속도를 측정한다.

45 다음 중 무인비행장치의 비상램프 점등 시 조치로서 옳지 않은 것은?

① GPS 에러 경고 - 비행자세 모드로 전환하여 즉시 비상착륙을 실시한다.
② 통신 두절 경고 - 사전 설정된 RH 내용을 확인하고 그에 따라 대비한다.
③ 배터리 저전압 경고 - 비행을 중지하고 착륙하여 배터리를 교체한다.
④ IMU 센서 경고 - 자세모드로 전환하여 비상착륙을 실시한다.

해설 GPS가 에러가 생겼다고 즉각적인 비상착륙을 실시할 필요는 없다. 자세모드로 정상비행이 가능하므로 자세모드로 전환하여 정상적인 비행을 실시하고, GPS 모드로 비행을 해야 할 임무인 경우, 비행을 중지하고 착륙하여 정비를 실시한다.

46 리튬 폴리머 배터리에 대한 설명 중 옳지 않은 것은?

① 충전시 셀당 4.2V가 초과되지 않도록 한다.
② 한셀만 3.2V이고 나머지는 4.0V 이상일 경우에는 정상이므로 비행에 지장없다.
③ 20C, 25C 등은 방전율를 의미한다.
④ 6S, 12S 등은 배터리 팩의 셀 수를 표시하는 것이다.

해설 여러 셀 중 한 개의 셀 전압이 비정상적으로 낮을 경우, 밸런스를 이용한 재 충전을 시도하고, 그래도 같은 현상이 지속될 경우 배터리를 교체한다. 한편, 충전을 했는데 같은 현상이 다른 배터리에서도 나타날 경우 충전기의 문제일 수 있으니 충전을 중지하고 점검한다.

47 무인멀티콥터의 프로펠러 재질로 가장 거리가 먼 것은?

① 카본 ② 강화플라스틱
③ 금속 ④ 나무

해설 무게가 중요한 멀티콥터에서는 금속재질의 로터는 잘 사용하지 않는다.

48 직원들의 스트레스 해소 방안으로 옳지 않은 것은?

① 정기적인 신체검사 실시
② 난이도 높은 업무에 대한 직무교육 실시
③ 직무평가 및 적성에 따른 직무 재배치
④ 주기적인 상호평가 실시

해설 과도한 평가시스템은 스트레스를 가중시킬 수 있다.

49 비행체의 계통과 연결이 옳지 않은 것은?

① 동력전달계통(구동계통) - 모터, 변속기
② 전기계통 - 배터리, 발전기
③ 조종계통 - 서보, 변속기

④ 연료계통 - 카브레터, 라디에이터

해설 라디에이터는 냉각계통에 속한다.

50 비행 전 조종기 점검 사항으로 부적절한 것은?

① 각 버튼과 스틱들이 off 위치에 있는지 확인한다.
② 조종 스틱이 부드럽게 전 방향으로 움직이는 지 확인한다.
③ 조종기를 켠 후 자체 점검 이상 유무와 전원 상태를 확인한다.
④ 조종기 트림은 자동으로 중립 위치에 설정되므로 확인이 필요없다.

해설 조종기의 트림 위치가 잘못되어 있으면, 이륙 후 비정상적인 방향으로 비행체가 흐르거나 급 기동할 수 있다.

51 비행 교육간 교관의 교수방법으로 가장 적절한 것은?

① 교관의 자기감정 표출은 신뢰감을 상실하여 교육생의 의욕을 저하시킨다.
② 비상상황을 대비시키기 위해 비인격적인 과격한 용어를 사용한다.
③ 잘못된 조작을 할 경우에는 즉각적으로 수정조작을 요구한다.
④ 교관의 개인적인 능력은 고유의 노하우로서 전수할 필요가 없다.

52 비행교육의 특성과 교육요령으로 부적절한 것은?

① 동기 유발 : 스스로 하고자 하는 동기 부여
② 개별적 접근 : 일대일 교육으로 교관과의 인간관계 원활할 때 효과 증대
③ 건설적인 강평 : 잘못된 조작을 과도하고 충분한 시범으로 예시 제공
④ 비행 교시 과오 인정 : 교관의 잘못된 교시는 과감하게 시인

해설 교육생이 잘못하는 부분에 대해 교관이 과도한 조작으로 시범을 보이면 교육생은 자신감을 상실하거나 공포감을 느끼게 되어 교육 효과를 저감시킨다.

53 비행 교수법의 특성으로 가장 적절한 설명은?

① 비행교수법은 일반 타 교육과 유사하여 동일한 교수법을 적용한다.
② 교관은 자신만의 비행방식을 전수하여 비행기량을 향상시킨다.
③ 멀티콥터는 원리가 간단하여 교육 중 원리적인 부분을 설명할 필요는 없다.
④ 비행교육은 1:1 교육으로 필요한 기량을 반드시 숙달하도록 해야 한다.

해설 ① 비행교육의 목적은 단순 지식함양이 아니라 3차원 공간에서 비행체를 안전하게 운용할 수 있는 능력을 키우는 것으로 일반 지식을 전달하는 과목의 교수법과는 다르다.
② 교관은 표준화된 비행방식을 전수하여 비행기량을 향상시켜야하며, 조종방식을 표준화하기 위해 꾸준히 노력해야한다.
③ 원리적인 부분을 충분히 이해해야 환경변화에 적절한 대응조종을 할 수 있다. 교관은 이러한 내용을 비행교육간 적용하여 지도할 필요는 없다.
④ 비행교육은 여러 명에게 학습 내용을 교육하여 지식을 갖도록 설명 및 토의하는 교육과는 완전히 다른 교수법을 적용해야한다. 즉, 필요한 비행 기술을 반드시 숙달하도록 교수해야한다.

54 멀티콥터의 기체를 내릴려면?

① 엘리베이터를 전진한다. ② 엘리베이터를 후진한다.
③ 쓰로틀을 내린다. ④ 쓰로틀을 올린다.

55 조종자 교육시 논평(Criticize)를 실시하는 목적은?

① 잘못을 직접적으로 질책하기 위함
② 지도조종자의 품위를 유지하기 위함
③ 주변의 타학생들에게 경각심을 주기 위함
④ 문제점을 발굴하여 발전을 도모하기 위함

56 멀티콥터의 비행자세제어를 확인하는 시스템은?

① 자이로 센서 ② 가속도 센서
③ 위성시스템(GPS) ④ 지자기 방위센서

항공역학(비행원리)

01 다음은 날개의 공기흐름 중 기류 박리에 대한 설명으로 틀린 것은?

① 날개 표면에 흐르는 기류는 날개의 표면과 공기입자 간의 마찰력으로 인해 표면부터 떨어져 나가는 현상을 말한다.
② 날개의 표면과 공기입자 간의 마찰력으로 공기 속도가 감소하여 정체구역이 형성된다.
③ 경계층 밖의 기류는 정체점을 넘어서게 되고 경계층 표면에 박리되게 된다.
④ 기류 박리는 양력과 항력을 급격히 증가시킨다.

해설 기류박리는 양력을 파괴시키고 항력은 급격히 증가시킨다.

02 다음 중 비행장치에 작용하는 힘의 방향(양력, 항력, 중력, 추력)과 속도와의 관계 설명 중 틀린 것은?

① 항력은 속도의 제곱에 비례한다.
② 항력은 받음각이 증가하면 증가한다.
③ 중력은 속도에 비례한다.
④ 추력은 받음각의 상관없다.

해설 중력은 속도에 반비례한다. 즉 무게가 증가하면 속도는 상대적으로 줄어든다.

03 다음 중 양력의 성질을 설명한 것 중 맞는 것은?

① 양력이란 합력 상대풍에 수평으로 작용하는 항공역학적인 힘이다.
② 양력은 양력계수, 공기밀도, 속도의 제곱, 날개의 면적에 반비례한다.
③ 피치적용에 의해 나타나는 양력계수와 항공기 속도는 조종사가 변화시킬 수 있다.
④ 양력의 양은 조종사가 모두 조절할 수 있다.

해설 ① 양력이란 합력상대품에 수직으로 작용하는 항공역학적인 힘이다.
② 양력은 양력계수 공기밀도, 속도의 제곱, 날개의 면적에 비례한다.
④ 양력의 양은 조종사가 조절할 수 있는 것은 양력계수와 항공기 속도이며, 나머지는 할 수 없는 것으로 구분된다.

04 운동하는 방향이 바뀌거나 다른 방향으로 옮겨지는 현상으로 토크작용과 토크작용을 상쇄하는 꼬리날개의 추진력이 복합되어 기체가 우측으로 편류하려고 하는 현상을 무엇이라 하는가?

① 전이성향 ② 전이비행
③ 횡단류효과 ④ 지면효과

05 멀티콥터의 로터가 6개인 멀티콥터를 무엇이라 하는가?

① Quad copter ② Tri copter
③ Hexa copter ④ Octo copter

해설 Quad copter : 4개, Tri copter : 3개, Octo copter : 8개

06 X자형 멀티콥터가 우로 이동 시 로터는 어떻게 회전 하는가?

① 왼쪽은 시계방향, 오른쪽은 하단에서 반시계 방향으로 회전한다.
② 왼쪽은 반시계방향으로, 오른쪽 하단에서 반시계 방향으로 회전한다.
③ 왼쪽 2개가 빨리 회전하고, 오른쪽 2개는 천천히 회전한다.
④ 왼쪽 2개가 천천히 회전하고, 오른쪽 2개는 빨리 회전한다.

07 비행장치에 작용하는 힘이 아닌 것은?

① 양력 ② 항력
③ 중력 ④ 압축력

해설 양력, 추력, 항력, 중력

08 **고도, 속도, 거리, 시간 등을 파악하여 목표지점까지 도달하게 하는 방법은?**

① 지문 항법 ② 추측 항법
③ GPS 항법 ④ 무선 항법

해설 지문 항법 : 지상의 중요한 목표를 비행 중에 육악으로 확인하면서 비행하는 방법
추측항법 : 항법에 필요한 제원 즉 대기속도, 시간, 풍향, 풍속, 편류를 구하거나 가정하여 참고로 비행하는 방법
GPS 항법 : GPS전파를 받는 기기를 이용하는 방법
무선항법 : 전파의 정속성 및 직진성을 이용한 방법

09 **멀티콥터의 수직착륙 시 조종방법은?**

① 쓰로틀 상승 ② 쓰로틀 하강
③ 엘리베이트 전진 ④ 엘리베이트 후진

10 **양력발생에 영향을 미치는 것이 아닌 것은?**

① 속도 ② 받음각
③ 해발고도 ④ 장애물이 없는 지역

11 **다음 중 지면효과를 받을 때의 현상과 거리가 먼 것은?**

① 유도기류 속도가 감소한다.
② 유도항력이 감소한다.
③ 영각(받음각)이 증가한다.
④ 수직양력이 감소한다.

해설 영각(받음각)이 증가하므로 수직양력은 증가한다.

12 25kg의 비행장치가 60도 경사로 동 고도 선회 시 총 하중계수는 얼마인가?

① 25kg ② 37.5kg
③ 50kg ④ 77.5kg

해설 45도 경사는 1.5배, 60도 경사는 2배이다.

13 다음 중 항공기와 무인비행장치에 작용하는 힘에 대한 설명 중 틀린 것은?

① 양력의 크기는 속도의 제곱에 비례한다.
② 항력은 비행기의 받음각에 따라 변한다.
③ 추력은 비행기의 받음각에 따라 변하지 않는다.
④ 중력은 속도에 비례한다.

해설 중력은 무거우면 속도가 감소된다.

14 회전익비행장치의 유동력 침하가 발생될 수 있는 비행조건이 아닌 것은?

① 높은 강하 율로 오토로테이션 접근 시
② 배풍 접근 시
③ 지면효과 밖에서 호버링을 하는 동안 일정한 고도를 유지하지 않을 때
④ 편대비행 접근 시

15 회전익 비행장치가 제자리 비행 상태로부터 전진비행으로 바뀌는 과도적인 상태는?

① 횡단류 효과 ② 전이비행
③ 자동회전 ④ 지면효과

해설 회전익 계통의 효율이 증대되어 제자리 비행에서 전진비행으로 전환되는 것

16 **다음 중 무인회전익비행장치가 고정익형 무인비행기와 비행특성이 가장 다른 점은?**

① 우선회비행　② 정지비행
③ 좌 선회비행　④ 전진비행

해설 회전익의 가장 큰 장점이자 차이점은 정지비행 즉 제자리비행(Hovering)이 가능한 것이다.

17 **다음 중 옥토톱터의 로터 개수는?**

① 3개　② 4개
③ 6개　④ 8개

해설 트라이콥터 : 3개, 쿼드콥터 : 4개, 헥사콥터 : 6개, 옥토콥터 : 8개

18 **다음 중 Skid에 관한 설명으로 올바른 것은?**

① 발연장치　② 착륙장치
③ 유압장치　④ 발전장치

19 **프로펠러(Propeller)의 정확한 의미로 가장 적절한 것은?**

① 항공기나 선박에 추력(추진력, 전방으로 이동하는 힘)을 부여하는 장치
② 항공기나 선박에 양력(공중으로 부양시키는 힘)을 부여하는 장치
③ 항공기나 선박에 항력(공기 중에 저항받는 힘)을 부여하는 장치
④ 항공기나 선박에 중력(중량, 무게)을 부여하는 장치

해설 항공기나 선박에서 엔진이 회전력을 추진력으로 전환하는 장치로서 드론의 날개를 프로펠러 또는 프롭이라고 표현하는 것은 신중히 고려하여야 하며, 드론 등 회전익에서는 로터(Rotor)라고 표현하는 것이 올바른 표현이라고 할 수 있다.

20 **로터(Rotor) 또는 블레이드(Blade)의 정확한 의미로 가장 적절한 것은?**

① 항공기나 드론에 추력(추진력, 전방으로 이동하는 힘)을 부여하는 장치
② 항공기나 드론에 양력(공중으로 부양시키는 힘)을 부여하는 장치
③ 항공기나 드론에 항력(공기 중에 저항 받는 힘)을 부여하는 장치
④ 항공기나 드론에 중력(중량, 무게)을 부여하는 장치

해설 헬리콥터나 드론과 같이 수직으로 상승하는데 필요한 양력을 발생시키는 회전날개, 따라서 로터는 항공기와 선박에 고정되어 추진력을 부여하는 장치인 프로펠러처럼 회전축이 고정되어 있지 않고 기울일 수 있게 되어 있음, Blade는 한 개를 의미하고 Rotor는 2개 이상 통합된 것을 의미한다.

21 **멀티콥터의 Heading을 원 선회 중심을 향한 상태에서 선회하기 위해 필요한 키의 조합으로 가장 적절한 것은? (단, 무조작에서 기체 고도는 일정하다고 가정한다.)** 3

① 쓰로틀, 에일러런　② 에일러런, 러더
③ 러더, 엘리베이터　④ 엘리베이터, 쓰로틀

22 **멀티콥터 조종 시 옆에서 바람이 불고 있을 경우, 기체 위치를 일정하게 유지하기 위해 필요한 조작으로 가장 알맞은 것은?**

① 쓰로틀을 올린다.　② 엘리베이터를 조작한다.
③ 에일러런을 조작한다.　④ 랜딩기어를 내린다.

23 **멀티콥터의 기체 특성으로 올바른 것은? 단, 회전익의 피치는 고정되어 있다는 것으로 간주한다.**

① 좌우로 이동할 수 없다.　② 후진할 수 없다.
③ 요잉을 할 수 없다.　④ 급격한 강하를 할 수 없다.

24 **호버링을 할 때 영향을 미치는 요소에 해당하지 않는 것은?**

① 자연풍의 영향
② 블레이드가 자체적으로 만들어내는 바람의 영향
③ 기온의 영향
④ 요잉 성능의 영향

25 **대기 속도에 관한 설명으로 가장 올바른 것은?**

① 지상에서 본 기체의 상대속도
② 지상에서 본 기류의 상대속도
③ 기체와 대기의 상대속도
④ GPS를 통해 측정한 속도

26 **실속에 대한 설명으로 가장 올바른 것은?**

① 기체를 급속하게 감속시키는 것을 말한다.
② 땅 주위를 주행중인 기체를 정지시키는 것을 말한다.
③ 날개가 실속 받음각을 초과하여 양력을 잃는 것을 말한다.
④ 대기속도계가 고장이 나서 속도를 알 수 없게 되는 것을 말한다.

27 **지면효과에 대한 설명으로 잘못된 것은?**

① 지면효과가 발생하면 양력을 상실해 추락한다.
② 기체의 비행으로 인해 밑으로 부는 공기가 지면에 부딪혀 공기가 압축되는 현상이다.
③ 지면효과가 발생하면 더 적은 동력으로 양력을 발생시킬 수 있다.
④ 지면효과가 발생하면 착륙하기 어려워지는 경우가 있다.

28 헥사콥터의 로터 하나가 비행 중에 회전수가 감소될 경우 발생할 수 있는 현상으로 가장 가능성이 높은 것은?

① 전진을 시작한다.
② 상승을 시작한다.
③ 진동이 발생한다.
④ 요잉현상을 발생하면서 추락한다.

해설 요잉 : 기수의 좌, 우 운동

29 멀티콥터(고정피치)의 조종방법 중 가장 위험을 동반하는 것은?

① 수직으로 상승하는 조작 ② 요잉을 반복하는 조작
③ 후진하는 조작 ④ 급강하하는 조작

해설 급강하하는 조작이 가장 위험을 동반한다.

30 다음 물리량 중 벡터 량이 아닌 것은?

① 속도 ② 가속도
③ 중량 ④ 질량

해설 벡터량은 크기와 방향을 나타내며, 속도, 가속도, 중량, 양력, 항력 등이 포함되며, 스칼라량은 크기를 나타내며, 질량, 부피, 길이, 면적 등이 포함된다.

31 다음 중 조종방법 설명에서 옳은 것은?

① 고도를 하강 시 쓰로틀을 내린다.
② 고도를 하강 시 쓰로틀을 올린다.
③ 고도를 하강 시 엘리베이터를 전진한다.
④ 고도를 하강 시 엘리베이터를 후진한다.

32 상, 하, 좌, 우 모든 방향에 관계없이 일정하게 압력이 작용하는 것은?

① 동압 ② 정압
③ 유압 ④ 풍압

33 다음 베르누이 정리와 연계한 양력발생원리 설명 중 틀린 것은?

① 날개의 정체점에서 발생된 높은 압력의 파장에 의해 분리된 공기는 후연에서 다시 만난다.
② 날개의 상부는 곡선율과 취부각(붙임각)으로 공기의 이동거리가 길다(속도증가, 등압증가, 정압감소)
③ 날개의 하부는 이동거리가 짧다(속도감소, 동압감소, 정압증가)
④ 모든 물체는 공기의 압력(정압)이 낮은 곳에서 높은 곳으로 이동한다.

34 다음 중 항공기 형태나 표면마찰, 크기, 설계 등 외부부품에 의해 발생하는 항력은?

① 유도항력 ② 형상항력
③ 유해항력 ④ 마찰항력

35 다음 중 멀티콥터나 회전익 항공기가 지면 가까이서 제자리비행을 할 때 나타나는 현상이 아닌 것은?

① 유도기류 ② 익단 원형와류
③ 지면효과 ④ 회전운동의 세차

해설 회전운동의 세차란 회전하는 물체에 힘을 가했을 때 힘을 가한 곳으로부터 90도 지난 지점에서 현상이 나타나는 것을 말한다.

36 멀티콥터의 비행원리 설명 중 틀린 것은?

① 공중으로 뜨는 힘은 기본적으로 헬리콥터와 같아 로터가 발생시키는 양력에 의한다.

② 멀티콥터는 인접한 로터를 역방향으로 회전시켜 토크를 상쇄시킨다.
③ 멀티콥터는 테일 로터는 필요하지 않고 모든 로터가 수평상태에서 회전해 양력을 얻는다.
④ 멀티콥터도 상호 역방향 회전으로 토크를 상쇄시킨 결과 헬리콥터와 같이 이륙 시 전이성향이 나타난다.

해설 인접한 로터를 역방향으로 회전시킴으로서 전이성향은 나타나지 않는다.

37 비대칭형 Blade의 특징으로 틀린 것은?

① 날개의 상, 하부 표면이 비대칭이다.
② 대칭형에 비해 양력 발생효율이 향상되었다.
③ 압력중심 위치이동이 일정하다.
④ 대칭형에 비해 가격이 높고 제작이 어렵다.

해설 압력중심 위치이동이 많다(비틀림이 발생)

38 다음 중 양력의 성질 설명 중 틀린 것은?

① 양력은 양력계수, 공기밀도, 속도의 제곱, 날개의 면적에 반비례한다.
② 양력계수란 날개에 작용하는 힘에 의해 부양하는 정도를 수치화한 것이다.
③ 양력의 양은 조종사가 조절할 수 있는 것과 조절할 수 없는 것으로 구분된다.
④ 양력계수와 항공기 속도는 조종사가 변화시킬 수 있다.

해설 양력은 양력계수, 공기밀도, 속도의 제곱, 날개의 면적에 비례한다.

39 다음 중 선회비행 시 발생하는 슬립과 스키드에 대한 설명 중 가장 적절한 것은?

① 슬립은 선회 시 기수가 올라가는 현상을 의미한다.
② 슬립과 스키드는 모두 꼬리 회전날개 반토크가 적절치 못해 발생한다.
③ 스키드는 선회 시 기수가 내려가는 현상을 의미한다.
④ 슬립과 스키드는 선회 시 기수가 선회 중심방향으로 돌아가는 현상을 의미한다.

해설 슬립 : 로터의 이론적인 전진거리와 실제 전진거리의 차이를 실각, 슬립이라 한다.
스키드 : 충분한 경사각을 사용하지 않고 공기에서 발생하는 원심력은 내부로 향하는 양력에 의해서 상쇄되지 못하고 정확한 선회비행 경로로부터 외부로 미끄러지는 것

40 회전익에서 양력발생 시 동반하는 하강기류 속도와 날개의 윗면과 아랫면을 통과하는 공기흐름을 저해하는 와류에 의해 발생하는 항력은?

① 유도항력 ② 형상항력
③ 유해항력 ④ 마찰항력

41 받음각이 변하더라도 모멘트의 계수의 값이 변하지 않는 점을 무슨 점이라 하는가?

① 압력중심 ② 공력중심
③ 반력중심 ④ 중력중심

42 멀티콥터의 비행이 아닌 것은?

① 전진비행 ② 후진비행
③ 회전비행 ④ 배면비행

참고문헌

1. 이상원, 기계경비개론, 공안행정연구원, 1996
2. 서진석, 민간경비론, 진영사, 2010
3. http://www.snara.co.kr 2010. 1
4. 한국교통안전공단 '항공정비사 표준교재 항공법규'2018,1
5. 항공시험처 초경량비행장치 조종자 증명시험 종합 안내서 2018. 1
6. 국토교통부 & 경찰청 배포자료 '경찰용 드론 불법비행 단속 가이드 2017. 12
7. 법제처
8. 극토교통부
9. 네이버 지식백과
10. 두산백과
11. 서일수, 초경량비행장치 드론 무인멀티콥터 2018
12. 관제사 항공기상 2018

저자약력

구동욱

- 現,동서울대학교 경호스포츠학과 교수
- 경기대학교 경호보안학 박사
- 특전사 장교 만기전역 (대위)
- 現,한국경호무술 협회 자문위원
- 現,경찰무도연맹 연구위원

저서: 초경량 비행장치 무인멀티콥터 필기시험(2019, 구민사, 공저)

권준범

- 現,경기항공 드론교육원 원장
- 現,용인대학교 경호학 석사

저서: 초경량 비행장치 무인멀티콥터 필기시험(2019, 구민사, 공저)